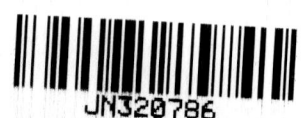

ワンちゃんの病気予防と健康管理に

犬のツボ押しBOOK

石野 孝・相澤 まな
かまくらげんき動物病院

まえがき

ペットの健康を守るのは飼い主の務めです。ペットも人と同じように、いろいろな原因で病気になりますが、ペットの病気の原因をよく理解し、普段の生活から適切な対応をすることで、病気を予防し健康を守ることができます。そのためには、日ごろからペットをよく観察し、病気の徴候を早めに見つけることが大切です。

近年、ヒトとペットの病気の境目がだんだん狭くなってきています。ヒトに特有の病気と思われていたものがいつの間にかペットの病気になってしまっているものもあります。そのせいもあってか、「ペットの病気の見分け方」、「ペットの正しい飼い方」などの啓蒙書や情報が溢れています。

そんな中にあって、この度、医道の日本社から『犬のツボ押しBOOK』を出版する運びになりました。きっかけは、「うちのワンコは世界一」、「わたしのニャンコは日本一」と思っている飼い主さんたちが行っているスキンシップによる愛撫行動です。みなさん、実に一生懸命、自分のワンちゃん、ネコちゃんを撫でたり擦ったりしています。

スキンシップは相手との絆をつくり、深め、相手だけでなく、スキンシップを行う自分自身をも癒す力をもっています。そして、“ツボを押す”、“体に触れる”という行為は、そのスキンシップの基本なのです。

皮膚へのタッチ刺激でどのようなことが起こるのでしょうか。生まれたばかりのラットを人間の手で頻繁に触れてあげると、触れられなかったラットよりも伝染病に対する血液中の抗体が増え、体重の増加が早く、活発でストレスの耐性が高くなるそうです。つまり、ラットの新生児の皮膚に刺激を与えることは、免疫系や循環器系の働きを高める効果があるのです。さらに頻繁に触れられたラットは、より長生きし、老化しても記憶力が良好であることまでがわかってきました。もちろんヒトの場合も同じと考えられます。一方、子猿の場合ですが、頻繁に触れられることのなかった子猿は過度の怯え、檻の隅で体を丸めての抑うつ的な行動や攻撃性の出現、睡眠障害や免疫系などにも障害が現れるそうです。

皮膚は発生の過程で脳や中枢神経と同じように形成され、広い面積で外界からの刺激を知覚するため、「露出した脳」といわれています。だからこそスキンシップが効果的なのでしょう。ツボ押し療法は、頻繁に軽く優しく皮膚を押すスキンシップです。本書を使って、大切なワンちゃんの健康を守ってあげてください。

なお、この本が出版までこぎ付けられたのは、当動物病院スタッフの献身的協力によるものと感謝いたします。また編集にあたられた医道の日本社の赤羽博美氏に深く感謝いたします。

平成25年3月

石野 孝　　相澤まな

目次

呼吸器の異常

その他の異常

本書の「押し方」の紹介では、小型犬の写真を中心に掲載していますが、ツボによっては大型犬の写真も掲載しています。小型犬ではヨークシャ・テリアのチップ君（6歳、オス）、大型犬ではゴールデンレトリバーのきっかちゃん（9歳、メス）、「コラム：簡単マッサージ」では、チワワのモネちゃん（13歳、メス）がモデルです。

ツボ押しの基本

ツボ押しの考え方

ツボ押し療法は東洋医学の理論から成り立っています。東洋医学とは西洋医学に対比するために名付けられたもので、とくに中国に発祥した伝統的医学の影響を強く受けており、中国医学（中医学）ともいわれています。両者の大きな違いの一つが全体観です。西洋医学が体を個々のパーツとしてとらえるのに対し、東洋医学は体を自然と一体のもの、全体の調和としてとらえます。このような考え方は、中国に古くから伝わる、陰陽五行論、気《き》・血《けつ》・水《すい》（津液）論、五臓論、経絡経穴論などからきています。

それでは東洋医学ではどのように病気をとらえるのか、なぜツボを使って行う療法がさまざまな病変や症状に効果があるのか、をできるだけ簡明に説明していきたいと思います。

1. 病気をどのようにとらえるのか

(1) 日向《ひなた》と日陰《ひかげ》

東洋医学では、世の中のあらゆるものを“日が当たるところ”と“日が当たらないところ”に分けます。そして日向を“陽”、日陰を“陰”としました。例えば、「太陽は陽、月は陰」、「天は陽、地は陰」、「昼は陽、夜は陰」、「男（雄）は陽、女（雌）は陰」、「動は陽、静は陰」、「外は陽、内は陰」、「気は陽、血は陰」などに分類されます。動物の体では頭面部、腰背殿部、前肢、後肢の外側面は陽です。体の前面、胸腹部、前肢、後肢の内側面は陰となります。これは後で出てくる経絡《けいらく》の走行にもあてはまります。陰は沈降傾向のもの、陽は発揚傾向のものを指します。

朝、目覚めると体は睡眠状態から活動状態へと変わり、陰が優勢な状態から陽が優勢な状態へと変化し、夕方になると日中の活動に疲れた体は休息をとろうとします。陽が優勢な状態から陰が優勢な状態に変わっていきます。この変化が陰陽のバランスが保たれた状態なのです。陰陽のバランスが崩れて陽の力が強いと、夜でも昼と同じように活動し続けて陽が過剰な状態になり、目が冴えて眠れない、興奮しすぎる、熱が過剰になって体が火照るなどの症状が出てきます。このような陽が過剰な状態を「陽証」、逆に昼の陽が優勢な状態でも、寝続けていたり、目が覚めなかったりすると陰が過剰になってしまい、体がだるい、元気が出ない、体の熱が不足して冷える、寒いといった症状が出てきます。このような陰が強い状態を「陰証」といいます。陰陽どちらか一方が過剰になったり少なくなったりすると、バランスが崩れ正常な状態を保てなくなり、体の不調や病気となって現れるのです。治療はその崩れたバランスをいかに補整するかということです。

(2) すべてのものを活かしている物質

1)「気」とは

「気」は、すべての生物に備わった生きる力、生命力、エネルギーで、生物の死とともになくなります。形がなく目でとらえることはできませんが、生物が生きている限り、休むことなく血《けつ》を伴って全身の経絡《けいらく》（気血を運行する通路）の中をくまなく流れています。

2) 血《けつ》について

飲食物が栄養物質に変化したものが血《けつ》です。血は気とともに経絡の中を流れ、四肢や臓腑を潤しその働きを支えます。血は眼を滋養し、物がよく見えるようにします。また筋骨・関節を滋養するため筋骨を強くたくましく、関節運動を滑らかにする働きもあります。

3) 津液について

体の水分を「津液《しんえき》」といいます。津液の主成分は血です。津液も飲食物が栄養物質に変化したものです。全身の各組織・器官で使われ不要となった津液は膀胱に運ばれ、腎で尿に変化して体外に排泄されます。汗《あせ》・尿《にょう》・涙《なみだ》・唾《つば》・涕《はなみず》・涎《よだれ》なども津液の一部です。

4) 五臓六腑について

内臓の諸器官のことを「五臓六腑」といいます。飲食物という燃料をエネルギーに変え、生命力を生み出す重要な役割を担っています。働きの違いから「五臓」、「六腑」、「奇恒《きこう》の腑《ふ》」に分かれます。「臓」は精気をつくり貯える働きがあり、「腑」は物を通過させる働きをもっています。飲食物は六腑によって気・血・津液・精などの栄養物質に変化し、消化、吸収、排泄されます。「五臓」は、肝、心、脾、肺、腎（心包を入れると六臓）のことです。「六腑」は、胆、小腸、胃、大腸、膀胱、三焦（西洋医学にはない臓器で、水分代謝の役割をもつ）を指します。「奇恒の腑」は臓でも腑でもなく、働きは臓に似ているが形は腑であるというもので、脳、髄、骨、脈、胆、女子胞（子宮）です。

西洋医学の内臓と比較した場合、解剖学的な位置はほとんど同じですが、働きが違うものがあります。例えば脾は西洋医学の脾臓ではなく働きはむしろ膵臓ではないかと思われています。1番の違いは西洋医学では精神活動は脳が行うことになっていますが、東洋医学では心を中心として、五臓すべてが精神活動を行うことになっています。例えば肝には魂、脾には意、肺には魄《はく》、腎には志が宿り、心には精神が宿って五臓全般を管理しています。

2.ツボ療法はなぜ効くか

(1) 経絡について

経絡は全身に網の目のように張り巡らされた通路で、気・血はこの中を通って各組織、器官、臓腑、四肢の末節に栄養を与えます。経絡上には多くの固有の経穴《ツボ》があります。経絡は臓腑と密接な関係にあり、それを示すように「肺経」「大腸経」「心経」「小腸経」「脾経」「胃経」など臓腑の名前が冠せられています。さらに、前肢または後肢の名が付けられ、体のどの部分を走行するかによって陰陽にも分かれています。

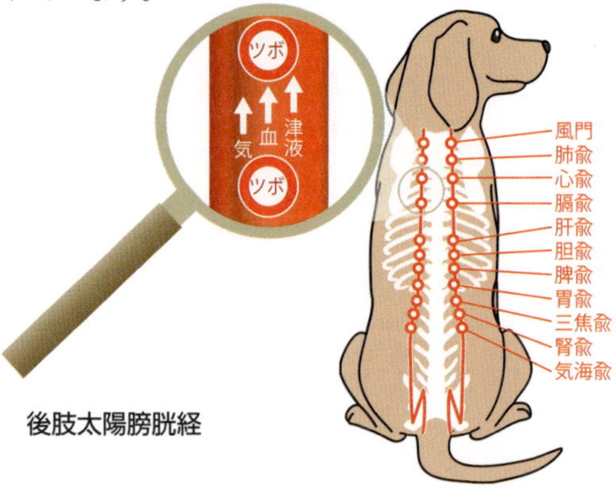

後肢太陽膀胱経

(2) 経穴（ツボ）について

経穴は経絡上にそれぞれ分布しており、一般的に「ツボ」と呼ばれています。ツボは経絡との関係が深く、経絡の異常が反映される場所です。また、経絡は臓腑と結びついているので、臓腑の不調や病気も反映されます。

ツボへの反応は、硬結、圧痛、緊張などで現れます。全身に網の目のように張り巡らされた経絡は、気・血の変調、五臓六腑の変調などがあると、必ず経絡上とその経絡に所属するツボにその異常が反射として現れます。反射が現れたところへ直接治療を行うことによって逆に、病変部へ刺激が透達し、病変が改善されるのです。

(3) ツボの位置の求め方

ツボの位置を求める作業を「取穴《しゅけつ》」といいます。取穴は寸法を用います。体には個体差があるため、体のある部分を長さの尺度としています。

①1寸は人差し指の横幅

②2寸は人差し指、中指、薬指の横幅

③3寸は人差し指、中指、薬指、小指の横幅

小型犬

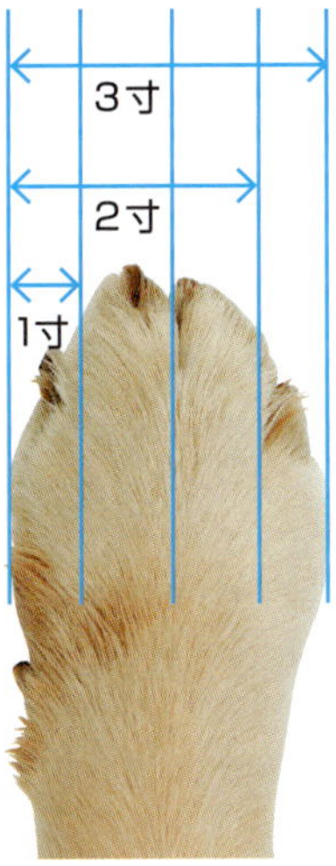

大型犬

ツボ押しを行うための基本事項

基本事項 ①

本書ではツボを押すことを「ツボを押圧《おうあつ》する」と記載させていただいています。その押圧の力加減ですが、動物にツボ押しをする前に、自分の体を押して試してみると気持ちのよい力の入れ具合、痛いと感じる力加減を体感することができます。ぜひやってみましょう。また、ツボの場所や動物の状態によっても感じ方は異なりますので、体の部位ごとに力を加減することも大切です。背中などの比較的筋肉が太く骨格がしっかりしている部分はやや強めに、逆に細くて弱い耳などの部分は優しく行います。キッチンスケールなどを押して力加減をつかみましょう。

＊力加減……小型犬や猫：350 ～ 500g、中型犬：500g ～ 1Kg、大型犬：2 ～ 3Kgくらいが目安です。

基本事項 ②

回数は、一般的には1カ所10 ～ 30回くらいが適当ですが、ワンちゃんの様子をみながら適宜加減してください。1日1回～ 2回、少しずつでも毎日続けることが大切です。

基本事項 ③

炎症、腫脹、外傷、骨折などがある場合は控えましょう。また、熱、ショック時、妊娠中、食前・食後も同様です。

基本事項 ④

嫌がっている場合はかえってストレスになるので、施術者もワンちゃんもお互いにリラックスしているときに行いましょう。

基本事項 ⑤

いきなり行うのではなく、少しずつ、ゆっくりと慣らしながら行いましょう。

基本事項 ⑥

施術者もワンちゃんも爪は短くしておきましょう。

基本事項 ⑦

ワンちゃんがとびっきり気持ちのいい表情をするのがいちばんですが、“まんざらでもない顔”をするのを確認しながら行いましょう。

基本事項 ⑧

施術者もワンちゃんと同じツボを押して、効果を確認してみましょう。

基本事項 ⑨

ツボ押しを健康の保持増進のために行いましょう。ツボ押しは医療行為ではありません。

基本事項 ⑩

指先に愛情を込めて行いましょう。

ツボの押し方

＊ここで紹介しているツボの位置はすべて本文で詳しく解説しています。

スタンダード法（指圧）

ツボを指で押して刺激する手法です。ツボ押しは基本的には、指の腹を使って行います。小型犬や猫には人差し指で、大型犬や筋肉の豊富なツボには親指で行うのが基本です。

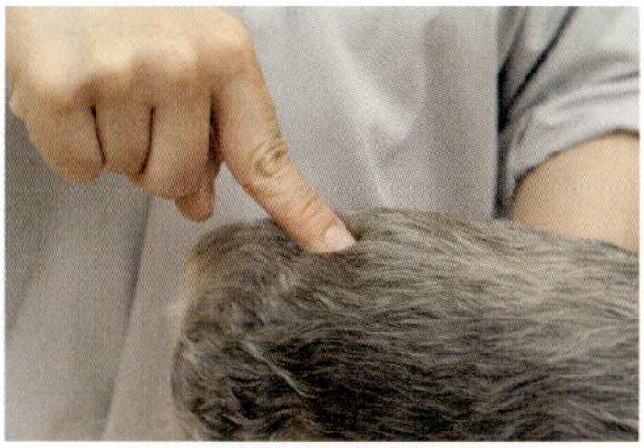

❶ ツボに指の腹を置き、1 → 2 → 3 と段階的に少しずつ力を入れていきます。

▼

❷ 動物が“まんざらでもない顔”をしたところで、そのまま3～5秒間キープします。動物が痛がらないように、力を入れ過ぎないように注意します。

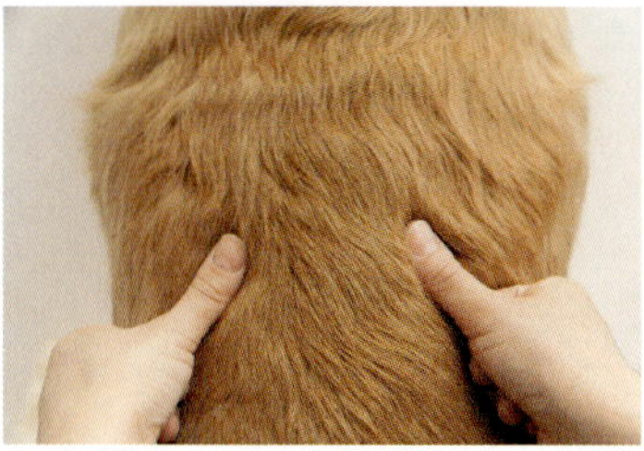

▼

❸ その後、3 → 2 → 1 とゆっくり数えながら徐々に力を抜いていきます。

▼

❹ 上記❶～❸の流れを4～5回繰り返します。動物の様子を見ながら「気持ちいいね～」というイメージをもって、優しく声をかけながら行うとよいでしょう。

コットン・スワブ法（綿棒で指圧）

名前の通り、指の代わりに綿棒を使った方法です。小型犬に行います。ヘアピンの丸い方や先のあまり尖っていないお箸を使ってもOKです。例えば、神門《しんもん》、少衝《しょうしょう》などのツボ押しに有効でしょう。

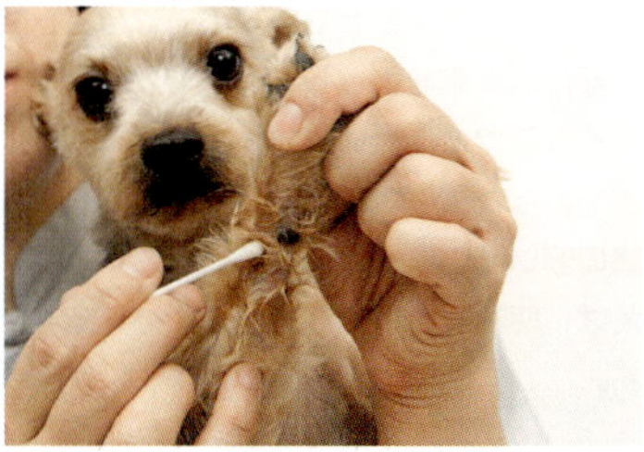

ニーディング法（揉む）

❶左右（内側と外側）のツボを親指と人差し指で挟むように揉む方法です。例えば、体の外側にある陽陵泉《ようりょうせん》というツボや内側にある陰陵泉《いんりょうせん》、内関《ないかん》と外関《がいかん》などのツボを押すときにこの方法を用います。

❷ツボに親指または人差し指の腹の部分をあてて、小さくひらがなの“の”を描くように擦ります。あまり強い力で押してはいけない部分のツボを刺激するときに用います。例えば、胸部にある巨闕《こけつ》、頭の百会《ひゃくえ》などです。

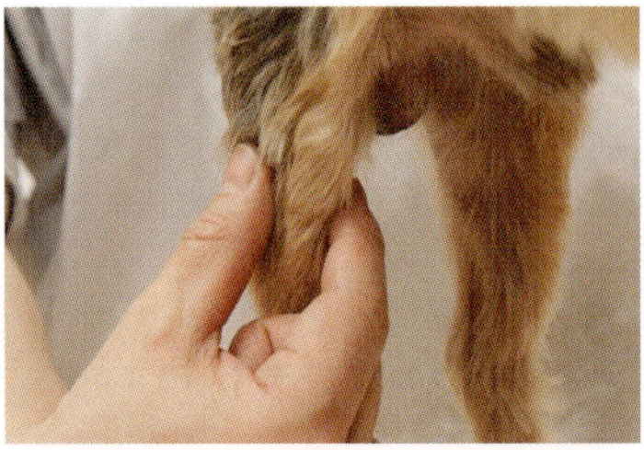

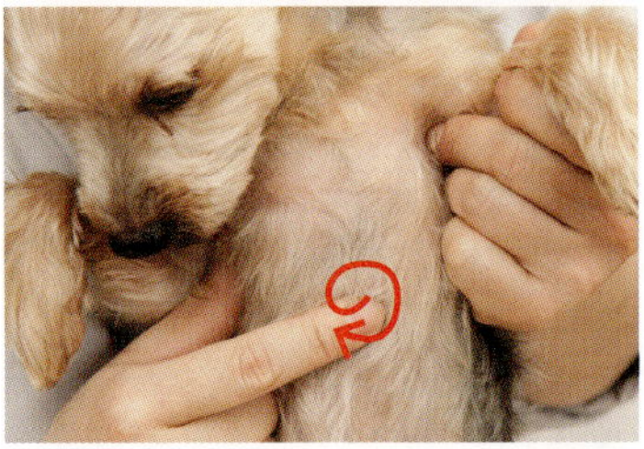

ストローク法（なでる）

ツボに親指または人差し指の腹の部分をあてて、スライドさせるように擦る方法です。例えば、頭部のツボである攅竹《さんちく》から糸竹空《しちくくう》にかけて、踵のアキレス腱の付け根から承山《しょうざん》にかけてなどはこの方法を用います。

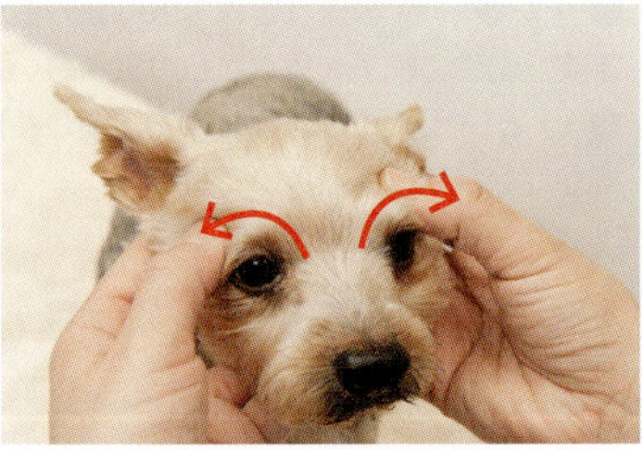

ピックアップ法（ひっぱる）

ツボをピンポイントで押すのではなく、ツボの部位の皮膚を引っ張る方法です。押すと苦しくなるツボに用います。押す強さがわからず心配なときはこの方法が便利です。特に皮膚の厚い部位にあるツボに適しています。例えば、四神聡《ししんそう》、廉泉《れんせん》などはこの方法を用います。

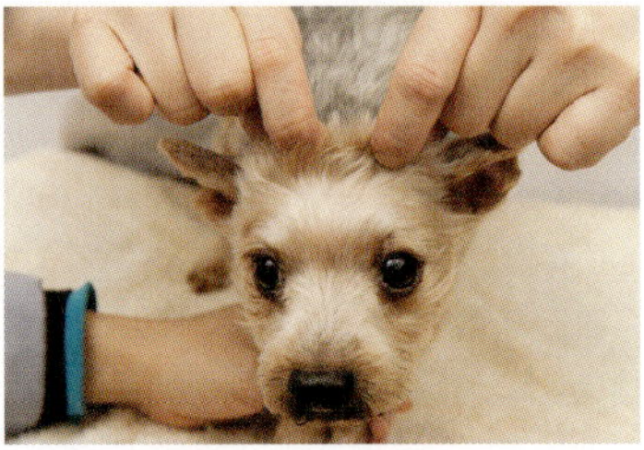

ツボ押し

メンタル

メンタル 1

怖がっている ときに押すツボ

使うツボ…… ① 築賓（ちくひん）、② 少衝（しょうしょう）

ワンちゃんが警戒心をもつと、体中に力が入り、尾を下腹部に折り曲げ、低い姿勢になりがちです。そのようなワンちゃんのしぐさをみたら、まずはその場でいっしょに座り込み、そばに引き寄せ、優しく抱いてあげましょう。そしてワンちゃんの視界を広げ、優しくツボを押してあげましょう。

ツボ①

築賓(ちくひん)

場 所　後肢《こうし》（後ろの足）の内側で、内くるぶしと膝関節を結んだ線の、内くるぶしから3分の1上の位置にあります。左右後肢に各1穴。

効 果　下半身の水分代謝をつかさどるとともに、心の中の意志決定を促す作用があります。恐怖心を取り去り、心に安定をもたらします。また下半身の血行を改善するとともに、デトックス作用もあるツボです。

押し方　人差し指で外側に向かってゆっくり、1回1～2秒で10～20回押圧します。温めるとさらに効果的です。温タオルなどで包んで温めてください。

ツボの位置

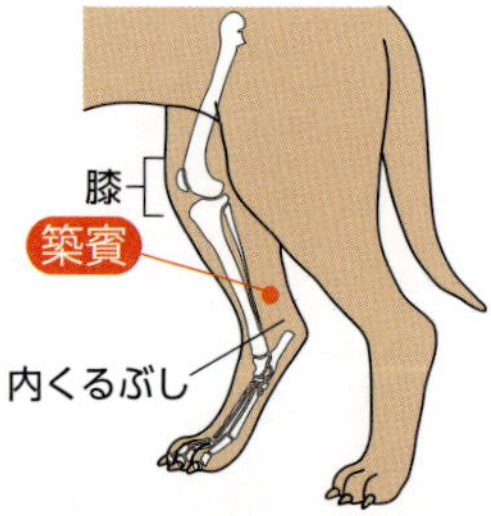

ツボの押し方

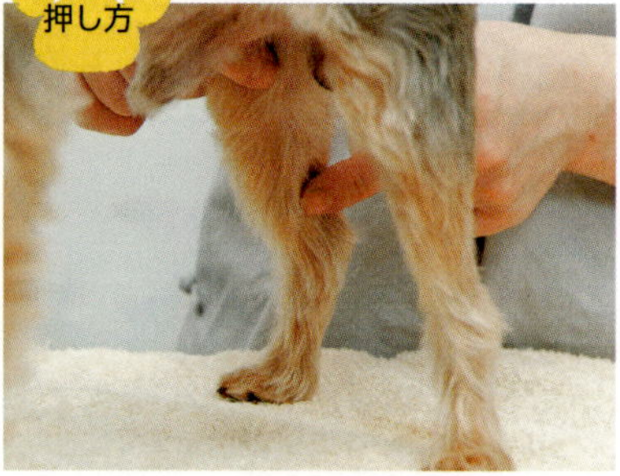

ツボ②

少衝(しょうしょう)

場所 前肢《ぜんし》（前の足）の小指の爪の付け根の親指側にあります。左右前肢に各1穴。

効果 少衝は爪の生え際にある井穴（前肢、後肢の末端にあるツボ。p21参照）の1つです。特にこのツボは、塞《ふさ》がっている体じゅうの穴を開いて一気に気（体のエネルギー源）を通し、心も体もスッキリ覚醒させる作用をもっています。恐怖によって起こるドキドキを解消したり、恐怖心を取り去る効果もあります。また熱と冷えをとり、体をよみがえらせる作用があり、健康維持にも役立ちます。

ツボの位置

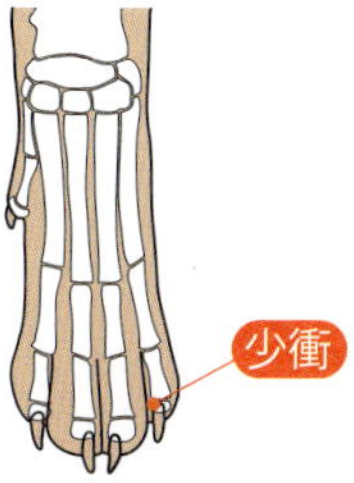

ツボの押し方

押し方 綿棒などで軽く刺激してください（コットン・スワブ法）。また小指の爪の付け根を左右から挟むように刺激してもいいです（ニーディング法）。1回1秒で10～20回程度行います。

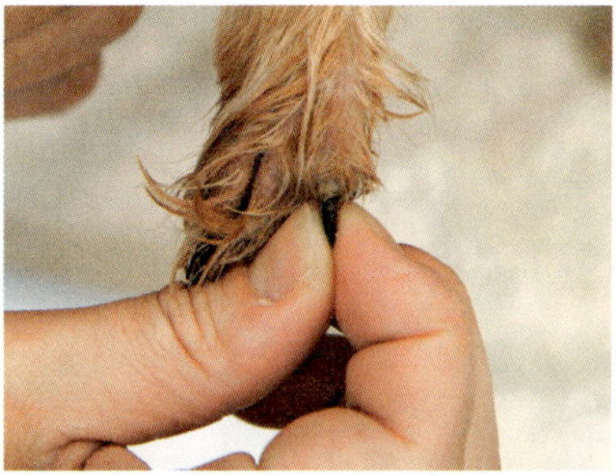

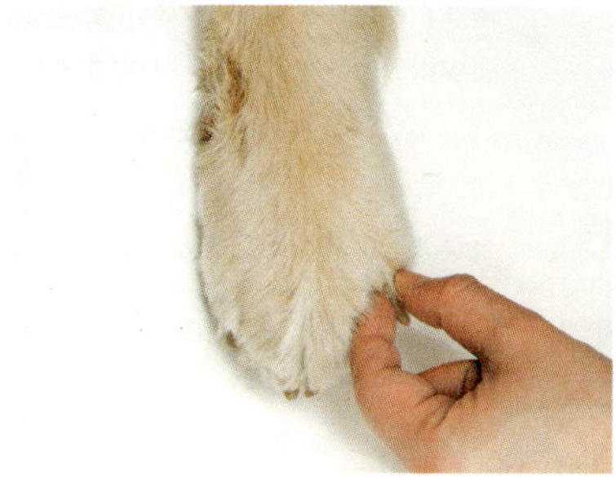

メンタル 2

やたらに吠える(無駄吠え防止)ときに押すツボ

使うツボ……① 攢竹(さんちく)、② 聴宮(ちょうきゅう)、③ 耳門(じもん)

ワンちゃんの問題行動の中でも、無駄吠えに関してはかなり悩んでいる方が多いようです。一戸建てでもそうですが、特に集合住宅においては近隣住人とのトラブルにもなりかねません。大きな鳴き声は生理的な不快感を与えますので、なるべく早く治したいものです。

ツボ①
攢竹(さんちく)

場所 人間でいう眉毛にあたる部分の1番目《め》頭《がしら》側の1点です。左右に各1穴。

効果 人間の場合も左右の攢竹を両方の親指でしばらく上向きに押してゆっくり指を離すとパアーッと視界が明るくなります。明白《めいはく》作用といって目に効果のあるツボです。そればかりではなく目がハッキリすると心も体もスッキリします。心と体のバランスを整えて、リラックスを促す作用があります。

押し方 施術者の親指と人差し指の腹の部分をツボにあてて、少し円を描くように20～30秒間軽く押圧します（ニーディング法)。3回行います。

ツボの位置

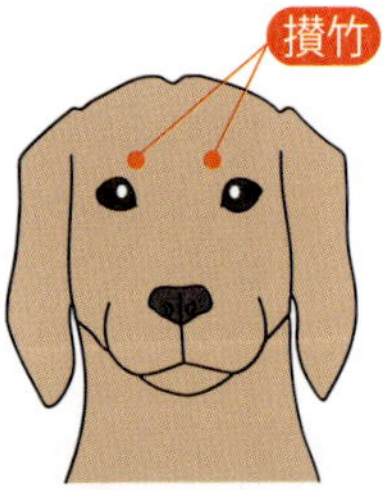

ツボの押し方

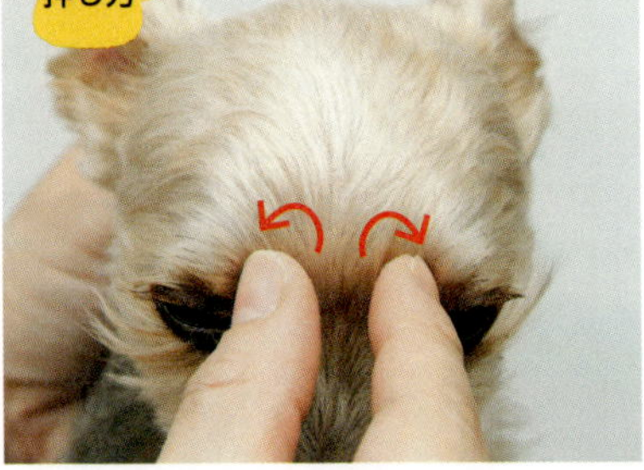

ツボ②
聴宮（ちょうきゅう）

場所 耳珠《じじゅ》（耳の顔側の外耳道の入り口にある出っぱり）の前部の１番くぼんでいるところにあります。左右の耳に各１穴。

ツボの位置

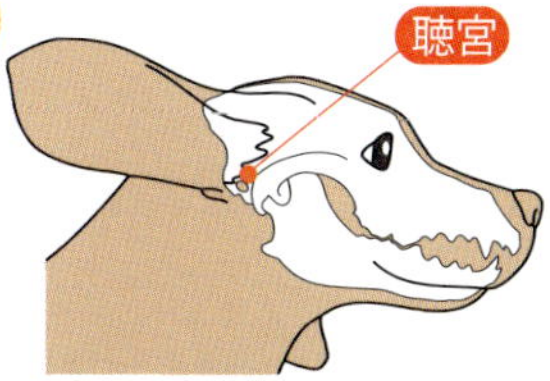

効果 聴宮の“聴”は聴く、“宮”は重要なところという意味です。耳珠のくぼみにあるこのツボは、耳だけでなく目、耳、鼻、口、皮膚のすべてにその機能が働くよう影響を与えます。特に内臓に作用を及ぼし、内臓から心を落ち着かせ無駄吠えを解消します。

ツボの押し方

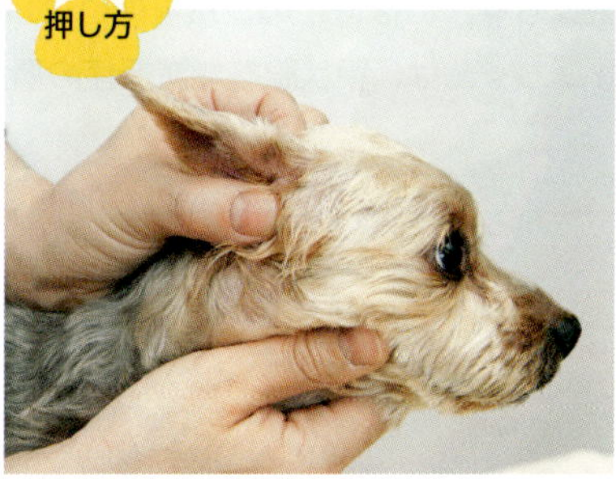

押し方 “聴宮”と次の“耳門”は場所がとても接近しているので両方のツボを親指で押さえ、人差し指で押さえた耳の後側といっしょに挟むように20～30秒間３回揉みます（ニーディング法）。

ツボ③
耳門（じもん）

場所 聴宮の上にあり、ワンちゃんの指で0.5横指分（0.5寸）聴宮の上にあります。左右の耳に各１穴。

ツボの位置

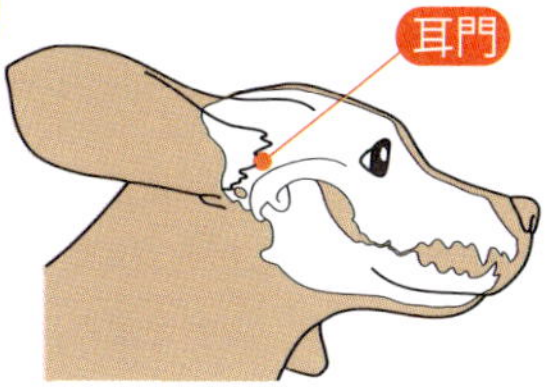

効果 聴宮と接しており、聴宮と同じ作用をもっています。特に精神の乱れを整える効果がすぐれています。多くのワンちゃんは、耳門や聴宮のツボを押すと気持ちよくうっとりします。

押し方 耳門と聴宮は接近しているツボですので、耳珠の前部に親指をあてて押さえると、この２つのツボを同時に押すことができます。聴宮の押し方参照。

メンタル 3

ダラダラしている（やる気がない、元気がない）ときに押すツボ

使うツボ…… ① 気海（きかい）、② 井穴（せいけつ）

若いのにお散歩が嫌いなワンちゃんやいつも寝てばっかりのワンちゃん。おもちゃを与えても知らんぷり。ご主人様が帰ってきても挨拶しない。こんなワンちゃんには、このツボを使いましょう。しかし老犬で、ダラダラしているワンちゃんは、甲状腺機能減退症の場合もあるので、動物病院に相談しましょう。

ツボ①

気海（きかい）

場 所 おへそよりワンちゃんの指で2横指分（1.5寸）下の位置（写真の赤●はおへその位置）にあります。1穴。

効 果 このツボは、ヤル気を奮い立たせる作用をもっています。自律神経の働きを調整するとともに、滞った気の流れを活発にし、生命力を旺盛にする作用もあります。

押し方 人差し指をツボにあてて、ひらがなの“の”の字を描くように擦ります（ニーディング法）。強く押し過ぎないように注意してください。10 ～ 20回行います。

ツボの位置

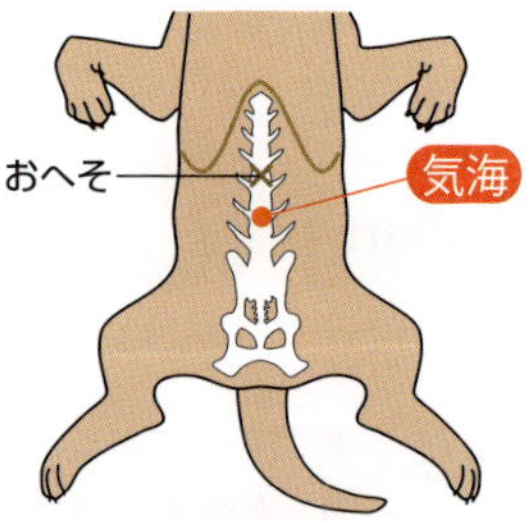

ツボの押し方

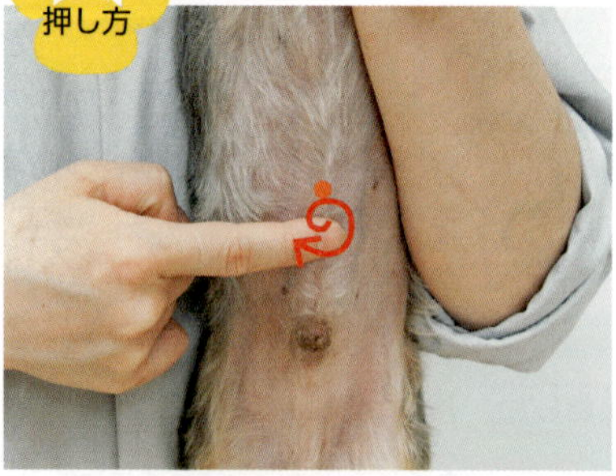

ツボ②

井穴(せいけつ)

場 所　各指の爪の生え際にあります。

効 果　井穴は指の数だけあります。“井戸から水が湧き出るように生命エネルギーが湧き出るところ”ということから“井穴”と名付けられました。“井穴”にはそれぞれ名前が付けられています。“井穴”を刺激すると気の流れが活性化して心身のパワーが上昇し、心も体も元気になります。交感神経の働き過ぎによる発熱や高血圧といった全身に関わる症状、副交感神経の働き過ぎで起こるといわれるアレルギー症状、そのほか動悸、頻脈などの心臓の症状、風邪や肺炎などに対し、幅広い効果が期待できます。

ツボの位置

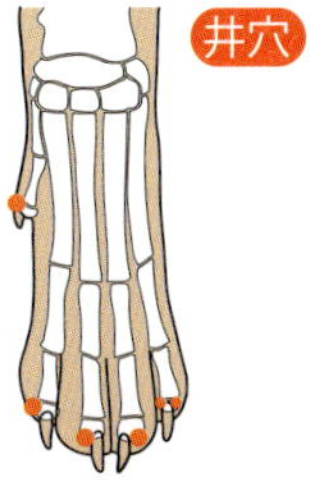

ツボの押し方

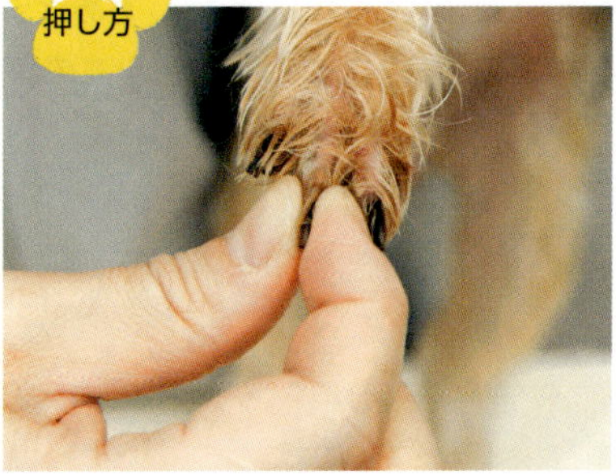

押し方　爪の生え際を施術者の親指と人差し指で挟むように刺激してください（ニーディング法）。ワンちゃんの中には、指先に触られるのを嫌がる子もいるのでそのときは、前肢、後肢の付け根のあたりから末端に向かって施術者の手のひらで柔らかく揉みほぐすようにし、最後に施術者の親指と人差し指で爪をたてるような感じで井穴を各指10 ～ 20回刺激してください。

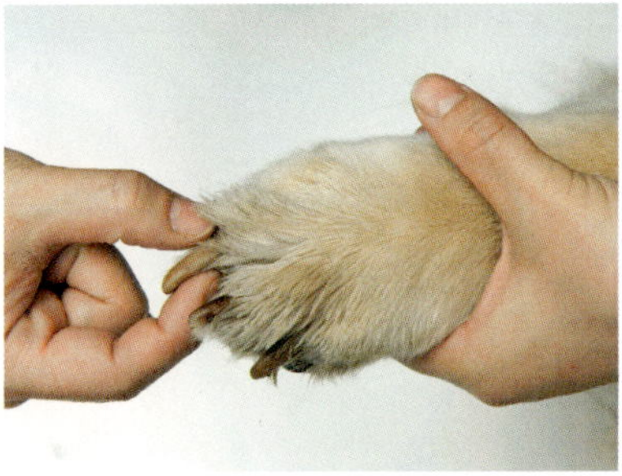

メンタル
4

はしゃぎ過ぎのときに押すツボ

使うツボ…… ① 関衝（かんしょう）、② 内関（ないかん）

ワンちゃんにとって、はしゃぐという行動は元気で、自然な状態です。しかし度が過ぎると飼い主にとってはたいへんな問題行動になってしまいます。そんなときはこのツボを押してあげましょう。また散歩したり、トレーニングをした後のクールダウンにも、このツボは役立ちます。

ツボ①

関衝（かんしょう）

場所　前肢の薬指の小指側の爪の付け根にあります。左右前肢に各１穴。

効果　生命エネルギーである気血の流れをよくして興奮を鎮める作用があり、ドキドキした心臓を整える作用があります。イライラを抑える主治穴でもあります。また不眠や乗り物酔い、吐気を抑える効果も期待できるツボです。肌荒れにも効果があります。

ツボの位置

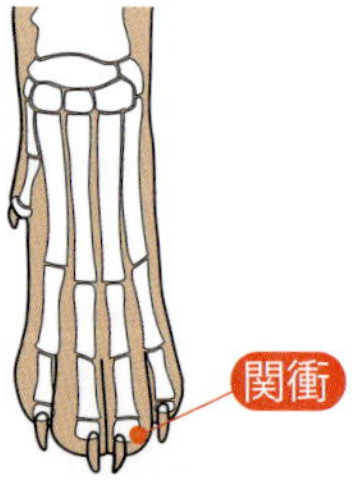

ツボの押し方

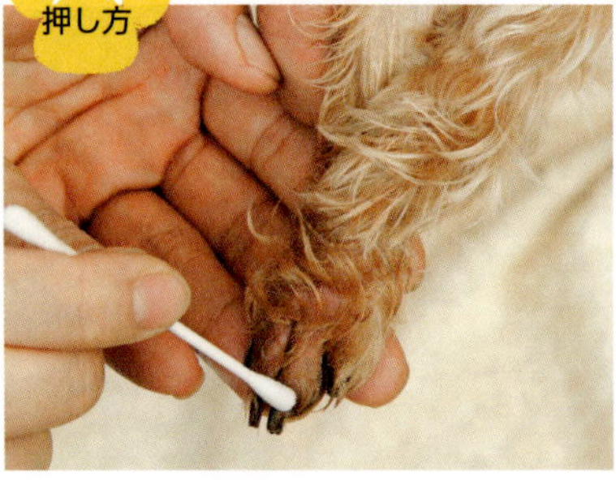

押し方 綿棒でツボを軽く押すか（コットン・スワブ法)、施術者の親指と人差し指で、爪の付け根を左右から挟むように押してもいいでしょう（ニーディング法)。1回20 ～ 30秒間で3回行います。強く刺激すると痛い部分でもあるので、くれぐれも優しく行ってください。

ツボの押し方

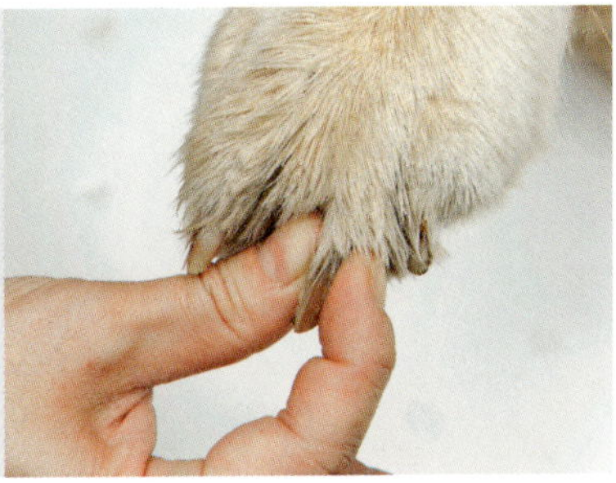

ツボ②

内関(ないかん)

場所 前肢の内側。手首からワンちゃんの指で3横指分（2寸）上の位置で、前肢の左右の筋肉の間にあります。左右前肢に各1穴。

効果 内関の“内”は前肢の内側を意味し、外側にある外関と対比させたものです。“関”は手関節の近くにあるツボであることを表しています。外側にある外関と内側のこのツボをいっしょに押すと効果的です。ヒステリーやストレスを緩和する作用をもったツボです。心を平穏に保ち、心拍を整える作用があります。また関衝と同様に、乗り物酔いによる吐気にも効果を発揮します。

ツボの位置

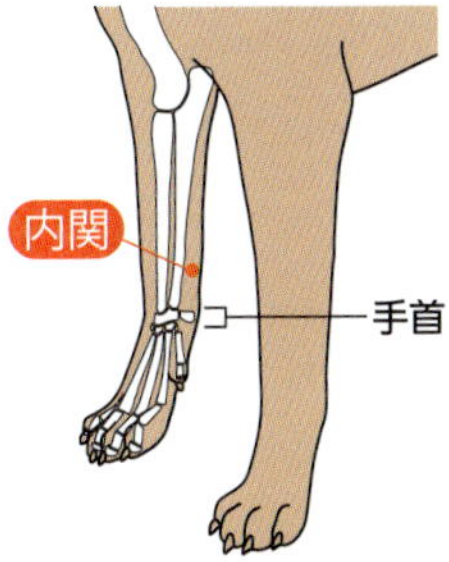

ツボの押し方

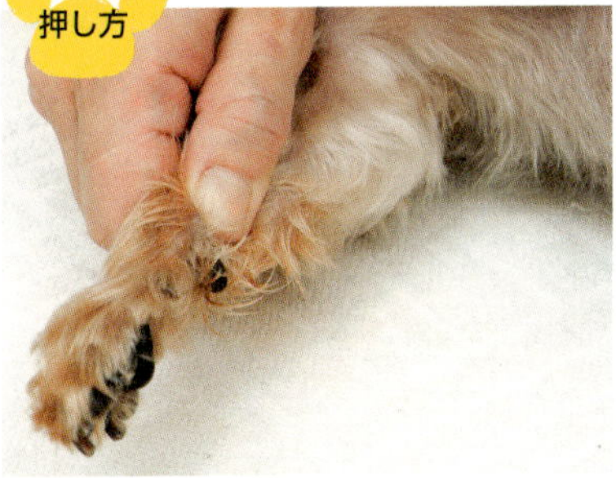

押し方 外側の外関に向かって内関を押圧します。綿棒を使って押してもいいです（コットン・スワブ法）。外側の外関と内側の内関の両側から挟むようにもみもみと押圧してもかまいません（ニーディング法）。左右前肢を20～30回押圧します。

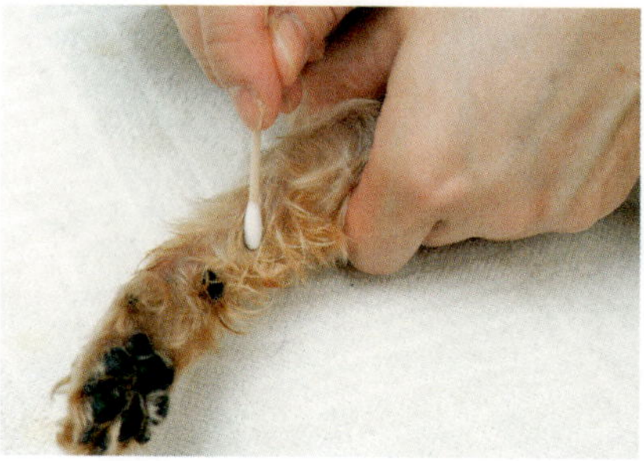

メンタル

5 興奮している ときに押すツボ

使うツボ…… ① 中泉（ちゅうせん）、②中衝（ちゅうしょう）

テンションが上がると、興奮し、落ち着きを失ってしまうワンちゃんがいます。ワンちゃんは「吠える声」で遊びに誘ったり、嬉しい、楽しいことを表現しますので、吠えることはワンちゃんにとって普通の行動なのです。特に明るい性格の元気のよいワンちゃんはよく吠えますが、興奮し過ぎて吠えるのを抑えきれなくなったら、このツボを押してみてください。

ツボ①

中泉（ちゅうせん）

場所　前肢の手首の外側で、人差し指と中指の骨をたどって、手首と交わる部分にあります。左右前肢に各1穴。

ツボの位置

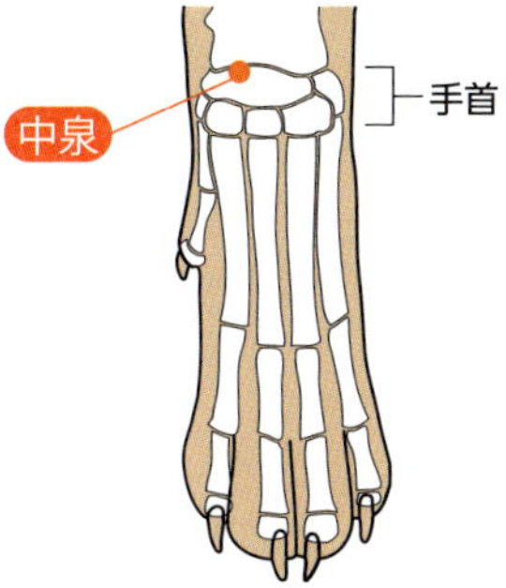

効果　胸を広げ、呼吸を通じて気の流れを全身に行きわたらせ、リラックスさせる作用、気（体のエネルギー源）と血（血液）を整える作用をもっています。脳にも作用し、感情をコントロールして、興奮しすぎた気持ちや心と体の緊張を解きほぐします。また、呼吸を落ち着かせて整える働きも期待できます。

押し方　施術者の親指の腹の部分で、前後に小さく擦るように揉みます。1秒間に1往復のペースで、左右の前肢のツボを各30回程度擦ります（ニーディング法）。

ツボの押し方

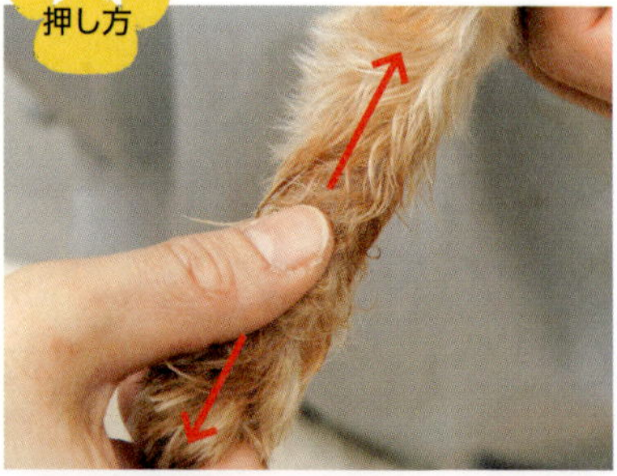

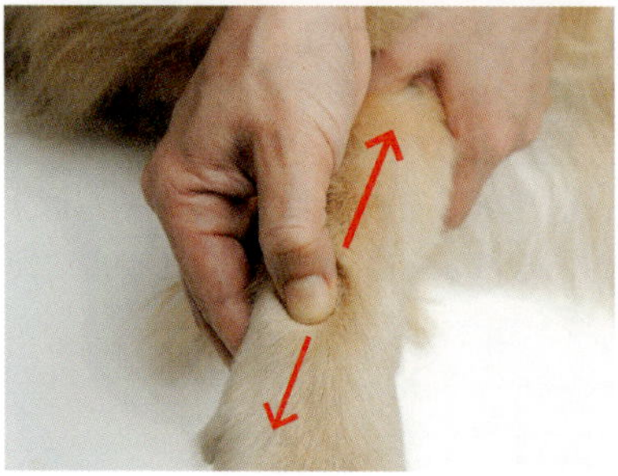

ツボ②

中衝(ちゅうしょう)

場所　前肢の中指の爪のはえぎわの親指側にあります。左右前肢に各1穴。

ツボの位置

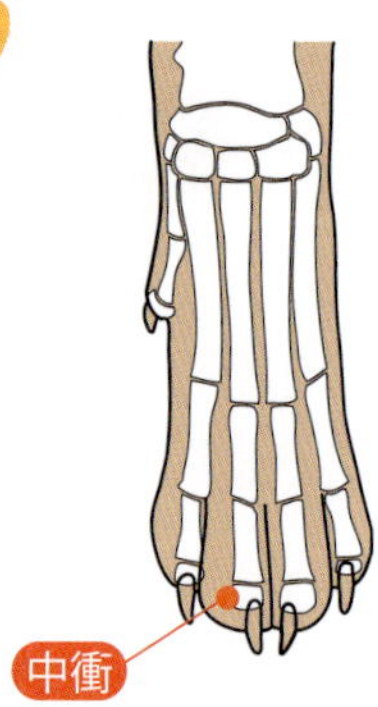

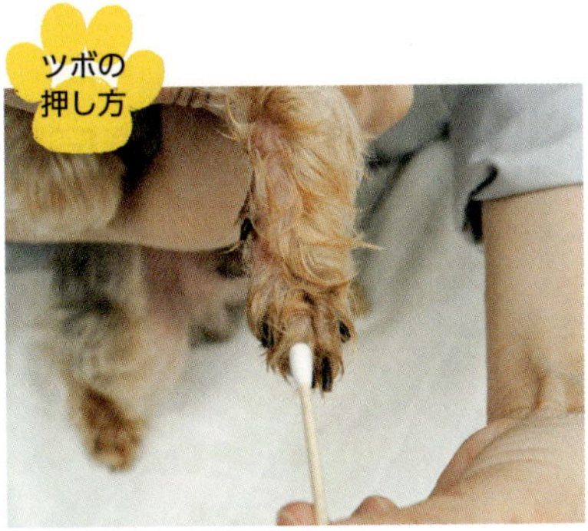

効果　中衝の“中”は“中指”のことで、“衝”は“重要なところ”を示し、“中指にある重要なツボ”の意味があります。中衝は前肢中指の末端にある井穴（前肢、後肢の末端にあるツボの1つ、p21）で脳への働きが強く、“脳竅《のうきょう》（脳に通じる穴があると考えられています）を開いて興奮を鎮める”という作用をもっており、気持ちを落ち着かせ、テンションを下げる効果があります。

押し方　ツボを綿棒で軽く10～20回押します（コットン・スワブ法）。また、中指の爪の付け根を施術者の親指と人差し指で軽く挟みます。やや指の先端にひっぱるように挟んでもよいでしょう（ニーディング法）。10～20回行います。

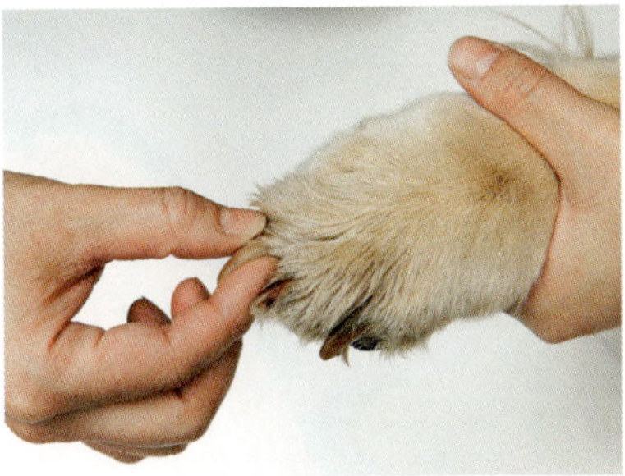

メンタル

6 疲労回復のために押すツボ

使うツボ……①労宮（ろうきゅう）、②湧泉（ゆうせん）

　最近は、ドッグスポーツを行っているワンちゃんが増えてきましたが、普段の散歩でさえもちょっと時間や距離を長めにすると疲れてしまうワンちゃんもいます。特に7歳以降のワンちゃんは人間同様に疲れが取れにくい傾向にあります。

ツボ①

労宮(ろうきゅう)

場所　前肢の１番大きな肉球の上側（手首側）にあります。左右前肢に各１穴。

ツボの位置

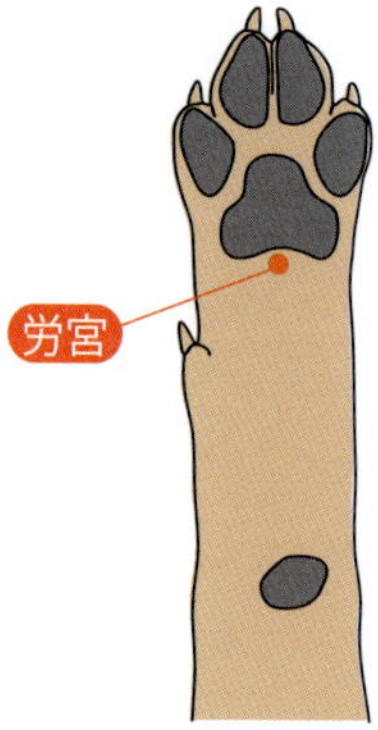

効果　労宮の“労”は“労働による疲労”を指し、“宮”は“貴い場所”“中央”を指します。つまり労宮とは“労働をする手の中央にあるツボ”ということです。このツボには精神と密接に結びついてイライラを抑える作用や精神を安定させる作用があり、心と体をリラックスさせる効果があります。副交感神経に作用して緊張やストレスを緩和します。また循環器にも作用し血行を改善し、全身への酸素供給量を増加させます。

押し方　ツボに施術者の親指をあてて、肢先に向かって押していきます。1、2、3と少しずつ加圧して、そのまま3秒間力を保持し、その後3秒間かけて徐々に力を抜いていきます（スタンダード法）。左右の前肢を20～30回ずつ行います。

ツボの押し方

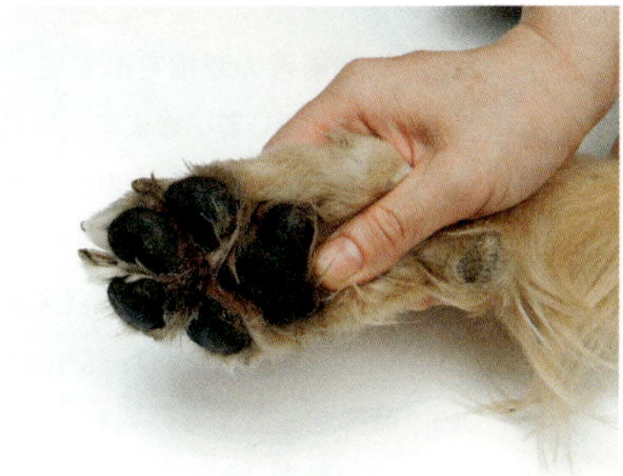

ツボ②

湧泉（ゆうせん）

場所　後肢の1番大きな肉球の上側（足首側）の付け根にあります。左右後肢に各1穴。

ツボの位置

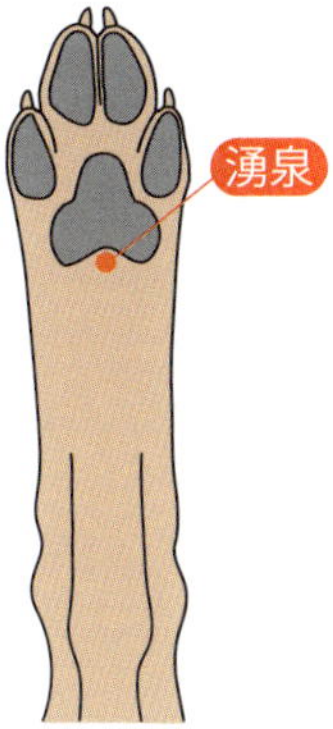

効果　湧泉は“元気が湧き出でる泉”という意味があります。一時「押せば命の和泉湧く」ともてはやされ、一世を風靡したツボです。体に元気が戻り、疲れを取り除く作用があります。特に足腰の疲れを解消する作用が強く、冷えや痛み、むくみ、そして老化にも効果が期待できます。心と体の両方に効果を及ぼすツボです。

押し方　ツボに施術者の親指をあてて、足先に向かって押していきます。1、2、3と少しずつ加圧して、そのまま3秒間力を保持し、その後3秒間かけて徐々に力を抜いていきます（スタンダード法）。足先のマッサージは体を温め、麻痺を改善する効果もあります。左右の後肢を20～30回ずつ行います。

ツボの押し方

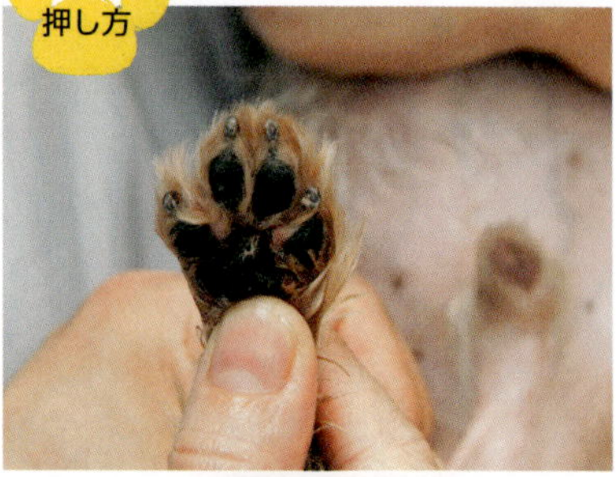

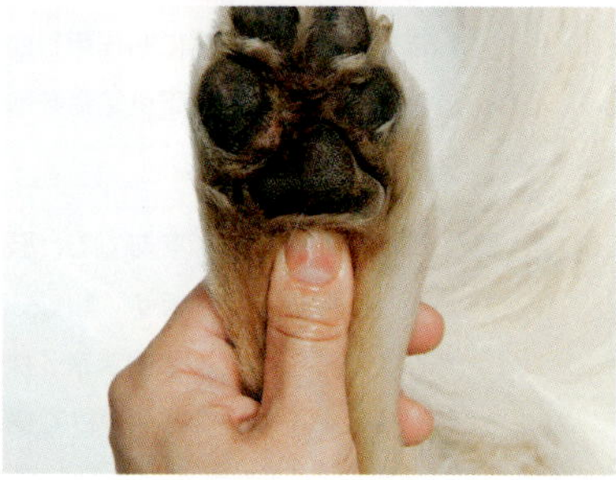

メンタル
7
眠れない ときに押すツボ

使うツボ……① 失眠（しつみん）、② 期門（きもん）

大人のワンちゃんは1日の半分以上は寝て過ごします。寝不足が続くとイライラしたり、精神的に不安定になってしまうからです。睡眠には心と体が完全に休息状態になる“ノンレム睡眠”と深い眠りに入る“レム睡眠”があり、これを繰り返します。ワンちゃんの場合、8割が“ノンレム睡眠”、2割が“レム睡眠といわれています。心を完全にリラックスさせて“レム睡眠”に誘導させることが大事です。

ツボ①
失眠（しつみん）

場所 後肢のかかとの下にあるくぼみの部分にあります。左右後肢に各1穴。

効果 ツボの名前の通り、眠りを失ったときに効果のあるツボです。また精神的な症状に留まらず、むくみ、膝関節痛、下半身の冷え、足の疲れ、足底痛、生殖器系疾患、腎臓、頻尿や乏尿、腰背部の緊張緩和など、いろいろな症状に対しても効果があります。

ツボの位置

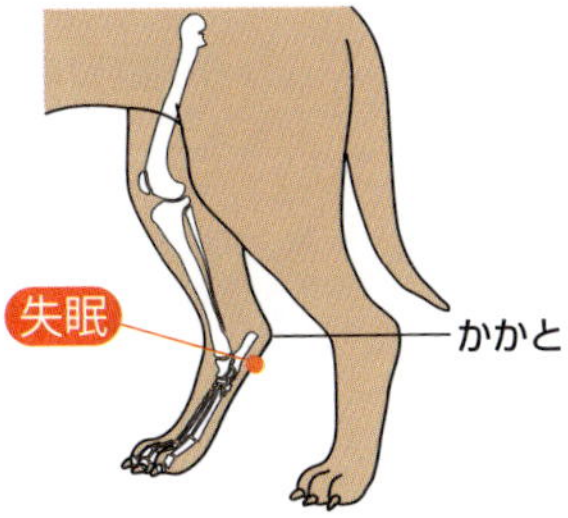

ツボの押し方

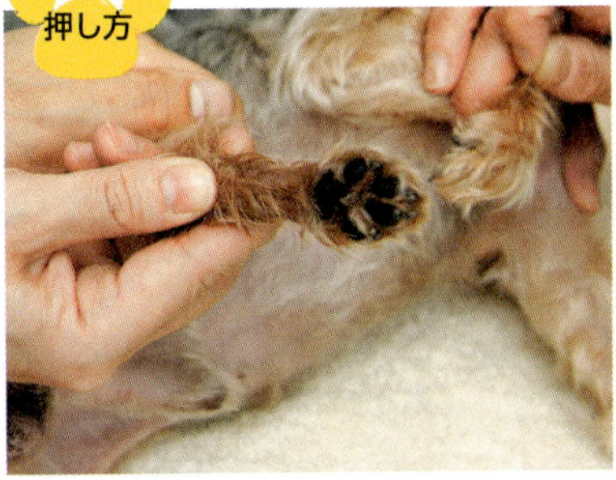

押し方　ツボに施術者の親指をあて、肢先に向かって滑らすように20～30回刺激します（ストローク法）。

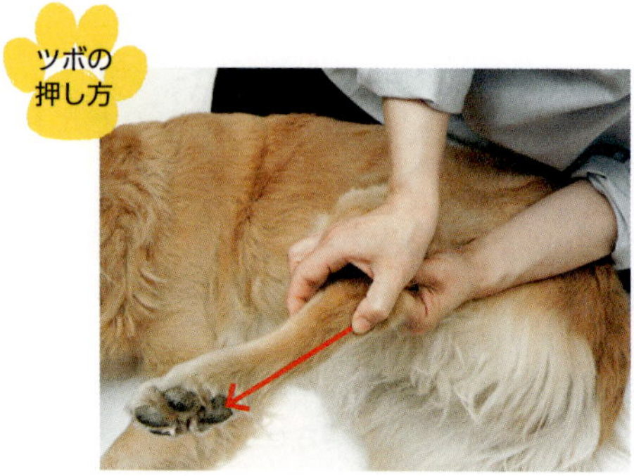

ツボ②

期門(きもん)

場 所　上から6番目の肋骨の乳頭の並びにあります。

効 果　東洋医学ではストレス症状のことを“肝《かん》気《き》鬱《うつ》結《けつ》証《しょう》”といいます。肝機能が鬱結状態を起こし、うまく働かなくなって起こる症状がストレスなのです。ストレスを緩和して不眠症を予防し、腹部や胸部の緊張を取り除いて寝つきをよくします。

押し方　親指か人差し指をツボにあてて、ゆっくりとひらがなの“の”の字を描くように擦ります（ニーディング法）。20～30回程度行います。あまり強く押し過ぎないように注意しましょう。

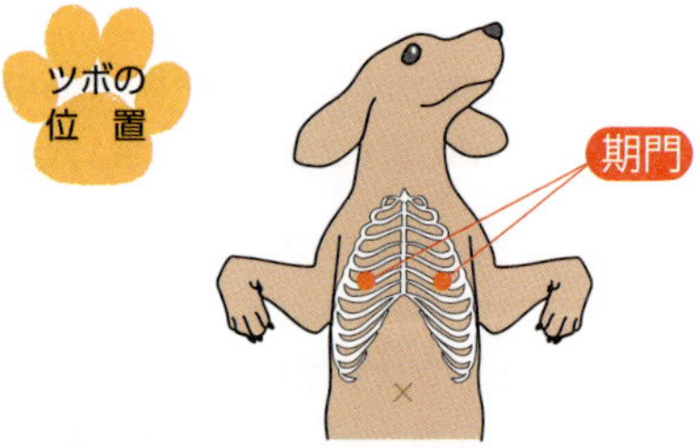

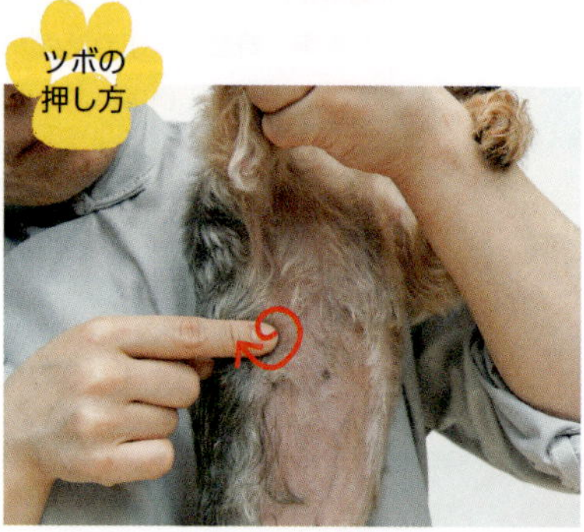

メンタル
8

不安になっている（分離不安／留守番中に破壊行為）ときに押すツボ

使うツボ……① 労宮（ろうきゅう）、② 頭の百会（あたまのひゃくえ）
③ 神門（しんもん）

留守番をさせると吠える、トイレ以外の場所で排泄する、破壊行動をとるなどの症状は、分離不安症の疑いがあります。こういうときはツボを押すと同時に、①排泄や破壊行動を叱る際には、後から叱っても意味がないので、その場で叱る、②出かける30分前と帰宅後30分はワンちゃんをかまわない、③普段から飼い主主導で犬と接する、といった行動療法をしてあげることも重要です。

ツボ①
労宮(ろうきゅう)

場 所　前肢の１番大きな肉球の上側（手首側）にあります。左右前肢に各１穴。

効 果　「6．疲労回復のために押すツボ」のページでも紹介しましたが、このツボは清心《せいしん》作用と安神《あんしん》作用を合わせもっています。清心作用というのは心の熱を冷ましてイライラドキドキを鎮めます。安神作用というのは精神を安定させ、こころ穏やかにさせる作用のことです。血行を改善し、副交感神経を優位に働かせ、不安や緊張などを抑える作用があります。また循環器にも作用し、心臓のドキドキを抑えてくれます。

ツボの位置
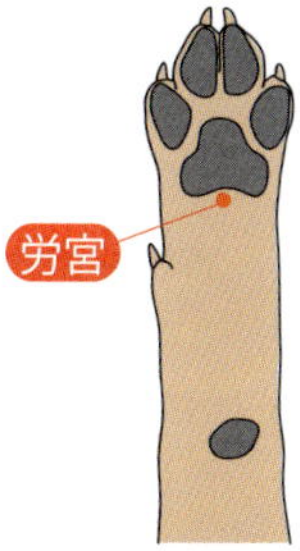

ツボの押し方

押し方　ツボに施術者の親指をあてて、肢先に向かって押していきます。1、2、3と少しずつ加圧して、そのまま3秒間力を保持し、その後3秒間かけて徐々に力を抜いていきます（スタンダード法）。左右の前肢を10～20回ずつ行います。

ツボ②

頭の百会(あたまのひゃくえ)

場 所　頭頂部の1番高い位置にあります。1穴。

効 果　頭の頂点にあり、すべての気が集まるところとされています。このツボには頭をスッキリ健やかにし、気持ちをおだやかにする働きがあります。気の流れをつかさどるとともに、脳への血液供給を増加させ、精神を安定させて、不安感を取り除きます。また首にかかる負担を軽減します。

押し方　頭の百会に、施術者の両方の親指をあてて左右対称に円を描くように（ニーディング法）します。ツボを温めるつもりで行ってください。1回30秒程度で3～5回押圧してください。

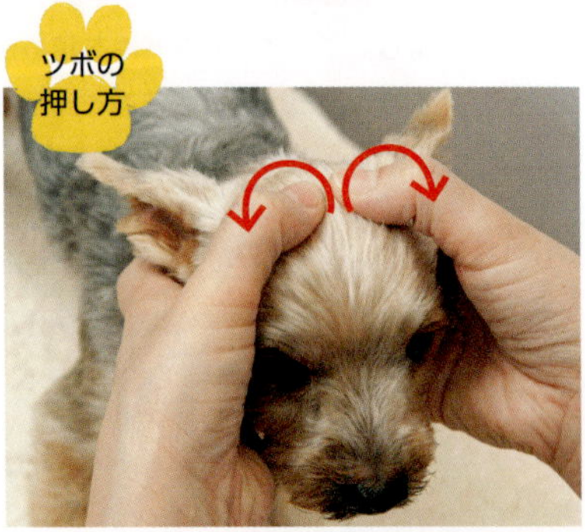

ツボ③

神門(しんもん)

場所　前肢の手首の付け根にある小さな肉球の手首側で、親指側のくぼみにあります。左右前肢に各1穴。

効果　「神の入ってくる門＝神門」と呼ばれるこのツボは、その名の通り思考や意識といった精神世界と深い関わりをもち、イライラや不安感などからくるストレスを癒して、精神活動を安定させる作用があります。副交感神経の働きを活発にするツボです。

押し方　小型犬には綿棒を使って（コットン・スラブ法）、中型犬や大型犬の場合は人指し指を使います。手首を1、2、3と少しずつ加圧して、そのまま3秒間力を保持し、その後3秒間かけて徐々に力を抜いていきます（スタンダード法）。

ツボの位置

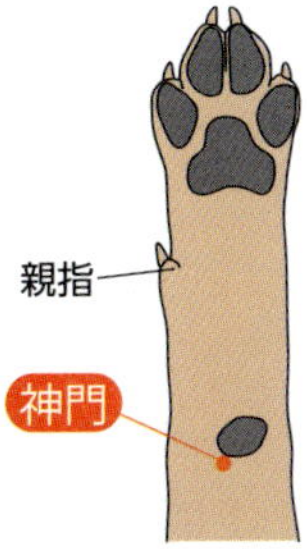

ツボの押し方

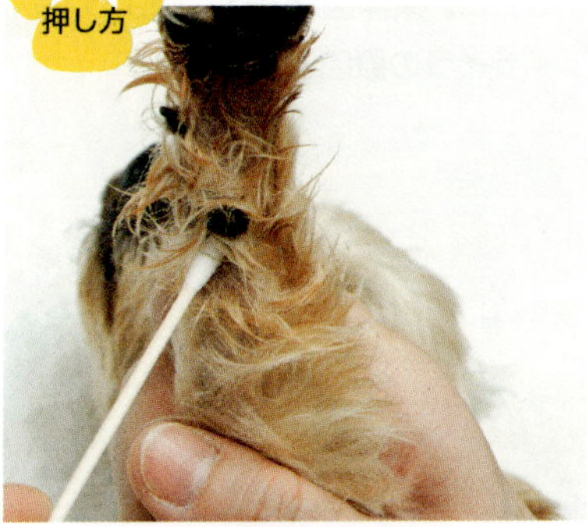

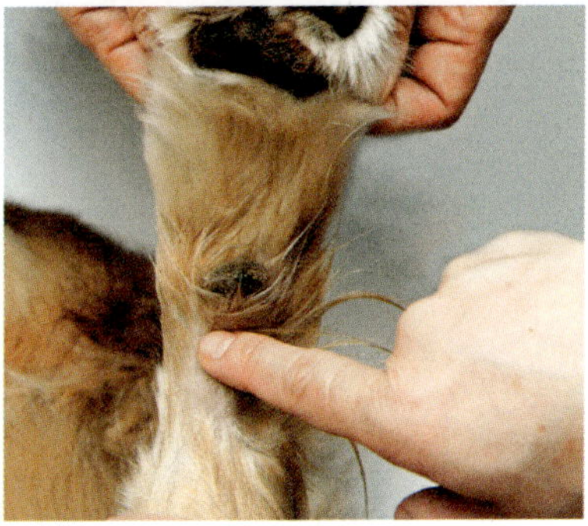

メンタル 9

イライラしている ときに押すツボ

使うツボ…… ① 丹田（たんでん）、② 液門（えきもん）

近年、ドッグフードの普及により、ワンちゃんは人間でいえば毎日、ファーストフードばかりを食べているような食生活になっています。そのため血はドロドロ。東洋医学ではこのような状態を瘀血《おけつ》（血液の停滞による病態）といい、イライラの原因となります。

ツボ① 丹田(たんでん)

場所 ツボではなく、おへその下にある部位で、体のエネルギーの中心とされています。

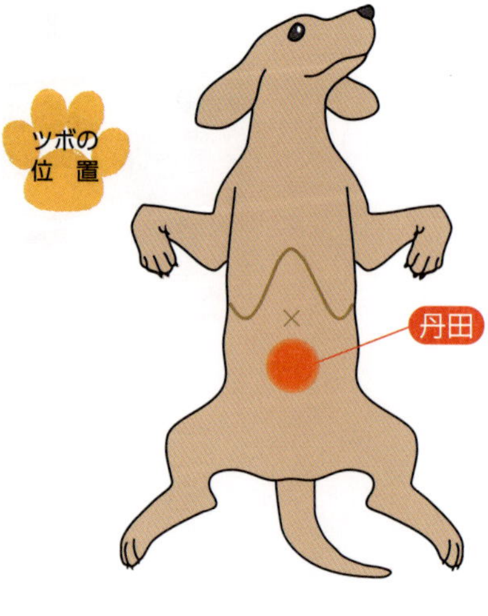

効果 丹田の“丹”は“元気”を指し、“田”は“宿るところ”を指します。したがって、丹田は生命エネルギーをつかさどる場所（エネルギーの中心となる場所）なのです。丹田には降《こう》気《き》作用といって心の中のイライラした感情を丹田に降ろしてしまっておく働きがあります。人間の場合、腹式呼吸で「臍下丹田に力を入れて」というときの部位。精神を統一する場合にも丹田を意識することが求められています。

押し方 小型犬、中型犬は人差し指で、大型犬は人差し指に中指を添えて、ひらがなの“の”を描きましょう（ニーディング法）。力はあまり入れないでください。イライラを丹田に降ろしてくるような気持ちを込めて行ってください。

ツボの押し方

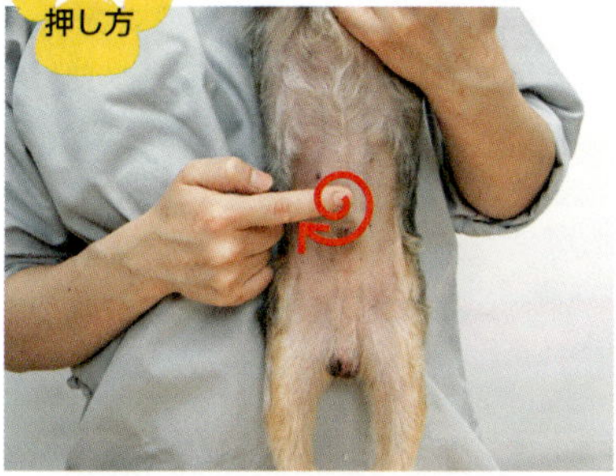

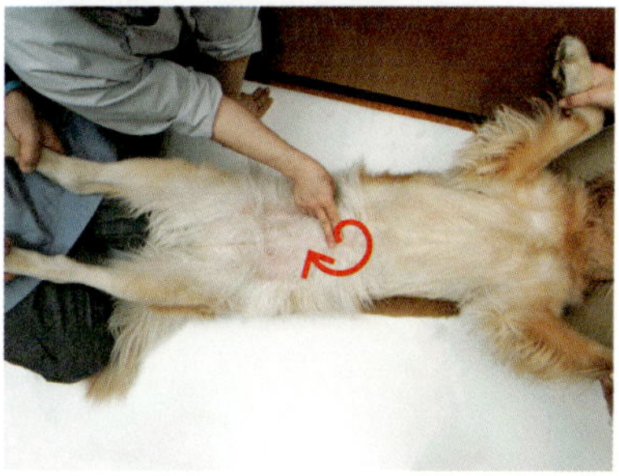

ツボ②
液門（えきもん）

場所 前肢の薬指と小指の間の付け根にあります。左右前肢に各1穴。

ツボの位置

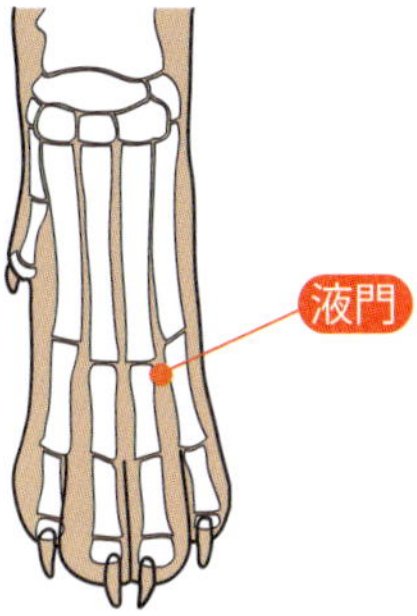

効果

液門の“液”は“水液”を意味し、“門”は“水液の気が出入りする門”という意味です。液門はからだの水分代謝を調節する働きと心や頭、目もスッキリさせる作用があり、自律神経の興奮を抑え、副交感神経を優位に働かせるため、イライラを解消します。

押し方

ワンちゃんの前肢の薬指と小指を広げ、施術者の親指を液門にあてて押します。小型犬では、綿棒を使って押してもいいでしょう（コットン・スワブ法）。中型犬、大型犬は親指で1回5～10秒で20回～30回押圧します。

ツボの押し方

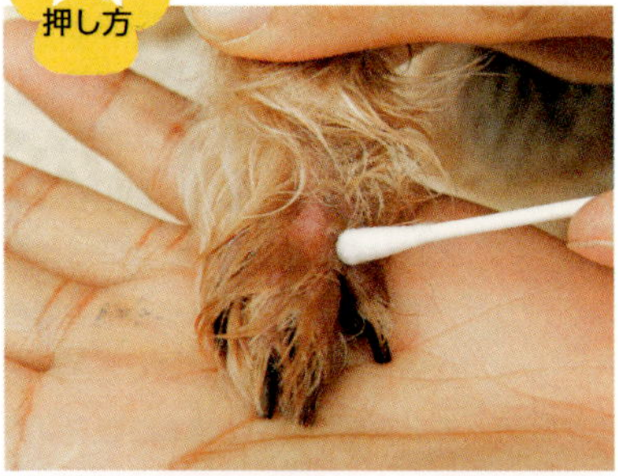

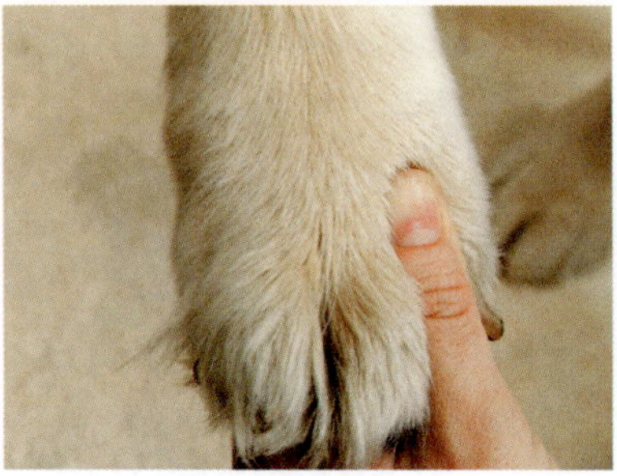

メンタル
10

ストレスいっぱい（お散歩に行けなくて／ゲージの中ばかり）のときに押すツボ

使うツボ……①膻中（だんちゅう）、②巨闕（こけつ）

　ワンちゃんのストレスの原因のナンバーワンは、お散歩に行けないことです。人間の都合で、お散歩の時間が短かったり、雨でお散歩できなかったり。本当は好きな時間にトイレに行きたいのに我慢させられたり。お留守番もストレスが溜まります。

ツボ①
膻中(だんちゅう)

ツボの位置

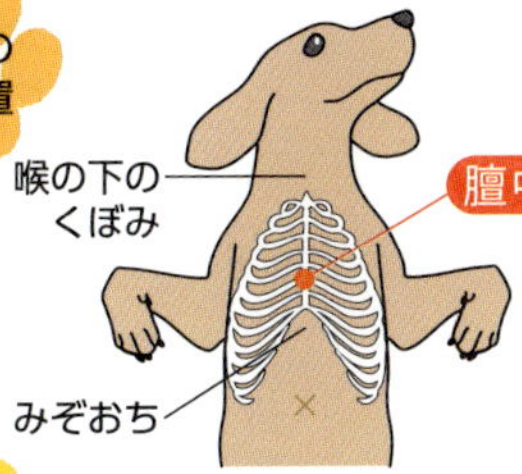

場所　胸骨（喉の下のくぼみからみぞおちまでの骨）の下から4分の1の位置にあります。1穴。

効果　気（体のエネルギー源）の働きを調整する作用があり、心の病を治す重要なツボです。普段からこのツボを刺激していると、ストレスに強くなります。心の病、ストレスなどの気の病は胸から上昇するため、大きく胸を広げて下へ下げさせます。

押し方　親指の腹をツボにあてて、垂直に押圧します。あまり強く押すと苦しがるワンちゃんもいますので、1回5秒で5回程度優しく刺激してください。

ツボの押し方

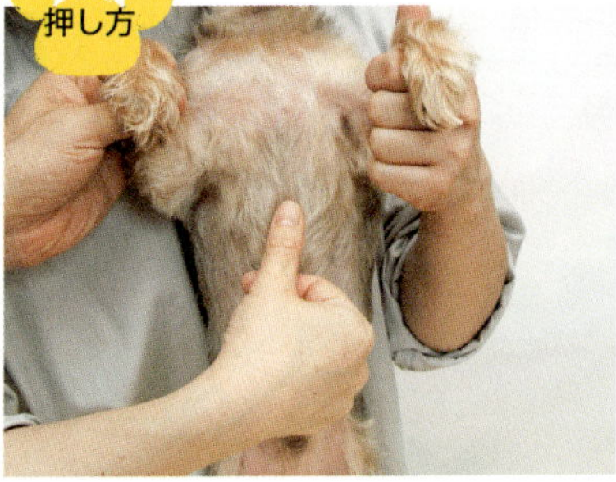

ツボ②

巨闕(こけつ)

場所　おへそよりワンちゃんの指で4横指分（3寸）上の位置にあります。1穴。

効果　巨闕の“巨”は“大きい”こと。“闕”は“重要なところ”という意味があります。気はここを上って心部に達するため大事なツボです。このツボはワンちゃんの心の異常に作用し、精神のアンバランスを補正し、ストレスに強い心をつくる作用があります。

押し方　ツボに人差し指の腹をあてて、ひらがなの“の”の字を描くように擦ります（ニーディング法）。20～30回程度軽く行います。

ツボの位置

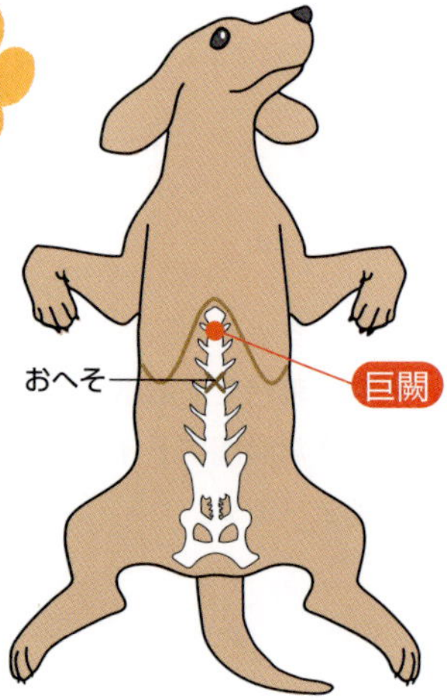

ツボの押し方

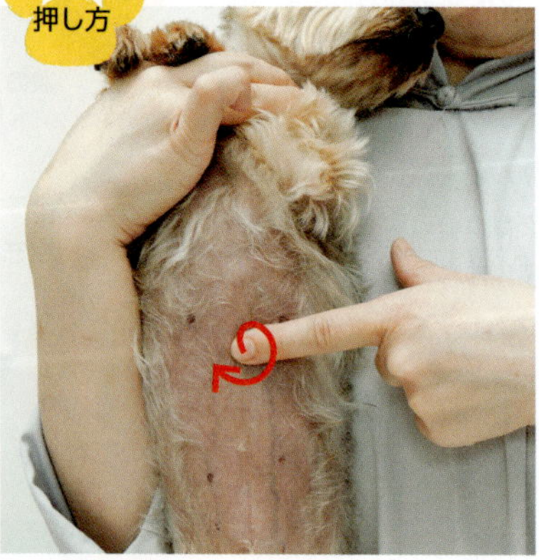

メンタル 11 ソワソワしている ときに押すツボ

使うツボ…… ① 天枢（てんすう）、② 四神聡（ししんそう）

ワンちゃんは、雷や花火の音などに強い恐怖を感じている際にソワソワします。息を切らしてあちこち歩き回ったり、ときには震えたり、ときには夜中に飼い主を起こして慰めてもらおうとします。

ツボ①
天枢(てんすう)

ツボの位置

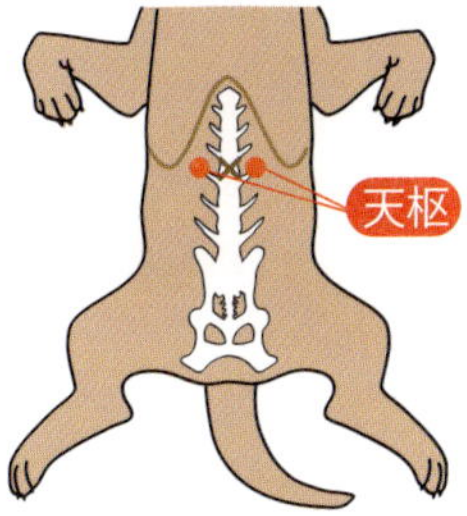

ツボの押し方

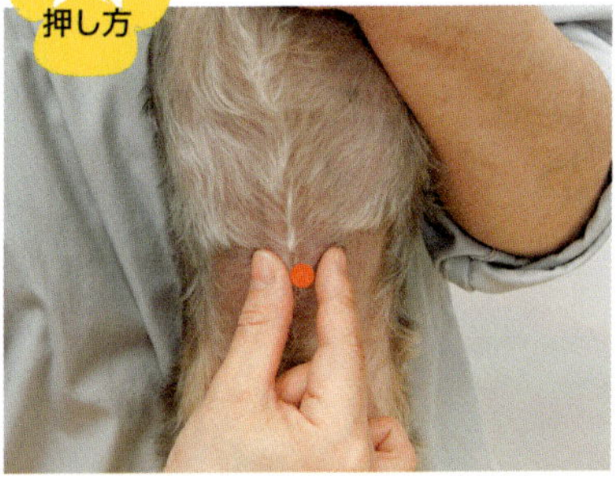

場所　おへその両脇。ワンちゃんの指で2横指分（1寸5分）外にあります。おへその左右に各1穴。（写真の赤●はおへその位置）

効果　天枢の“天”は“おへそより上の部位”、“枢”は“枢軸《かなめ》”“大切なところ”という意味があります。ちなみにおへそより下は“地”といいます。東洋医学でいう生命エネルギーが交差する部位にある重要なツボです。胃腸の機能を整える作用と生命エネルギーである気と血を調整する作用もあります。天地の気を整え、恐怖感を取り除きます。

押し方　左右のツボに親指と人差し指をあて、20～30秒軽くつまみましょう（ピックアップ法）。

ツボ②

四神聡(ししんそう)

ツボの
位置

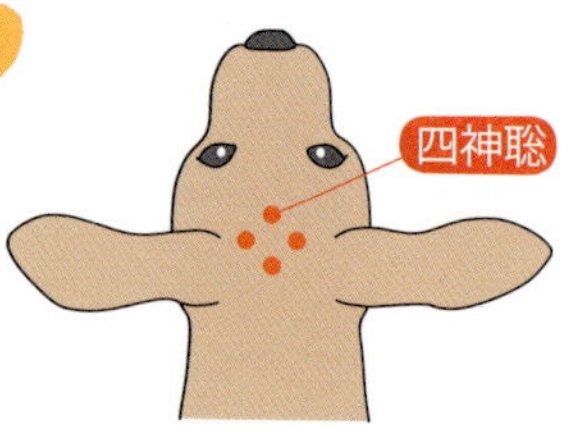

場所 頭頂部の中心から前後左右に各1穴ずつあります。頭部に4穴。

効果 四神聡の“四”は“四つのツボ”を指し、“神”は“精神”の意味、“聡”は“聡明”の意味です。つまり四神聡は4つのツボで精神状態を落ち着かせ、頭をスッキリさせる作用があります。

押し方 左右または前後のツボをつかみ、皮膚をひっぱり上げます（ピックアップ法）。縦にひっぱったり、横にひっぱっても大丈夫です。10～20回ひっぱるとよいでしょう。

ツボの
押し方

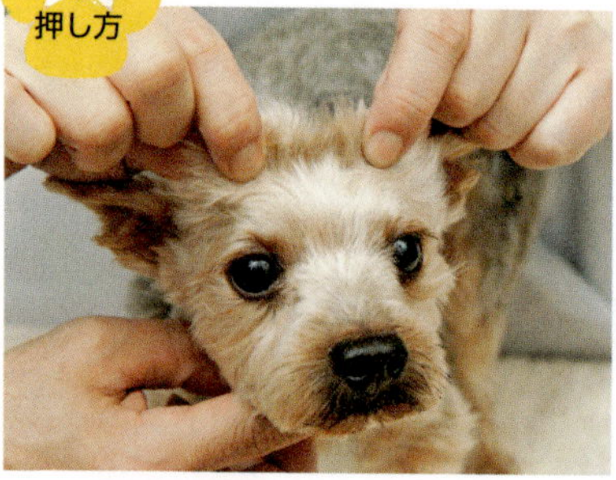

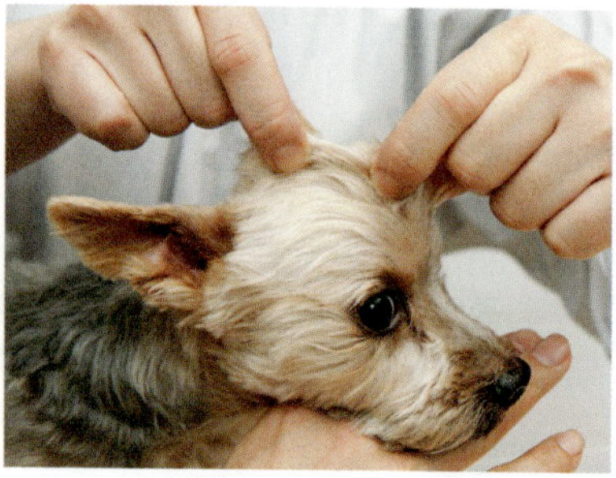

column
ワンちゃん
簡単マッサージ

コラム①

肩もみマッサージ

ワンちゃんの前肢は体幹と筋肉によって結合しており、体の重心は6割が前にあります。そのため前肢には思っている以上に負担がかかっており、前肢の付け根、首まわり、胸は、特にこりやすいといえましょう。散歩の前後やくつろいでいるときに肩もみマッサージをしてあげましょう。

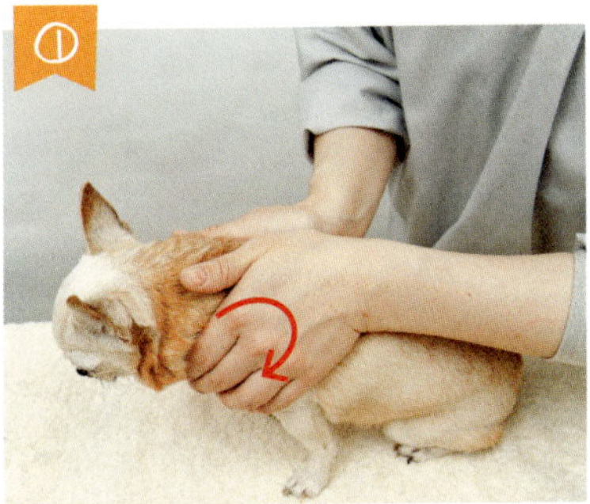

①肩甲骨を手のひらで包み、くるくる円を描くように皮膚を動かします

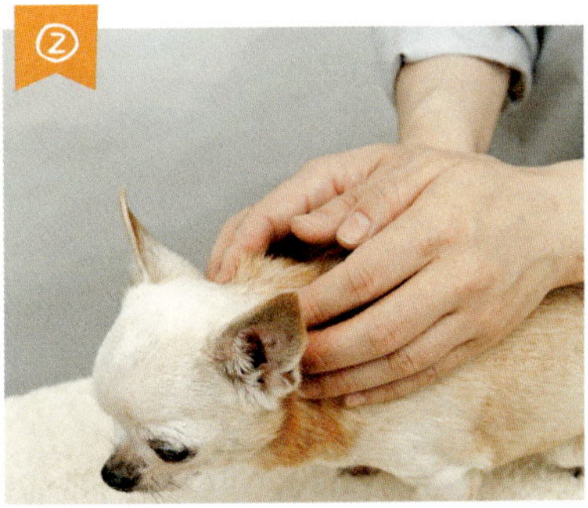

②次に指先を使って首筋をマッサージします。力は入れず、皮膚を動かす感じで行ってください。肩甲骨から耳の後ろまでの首筋を10～20回往復します

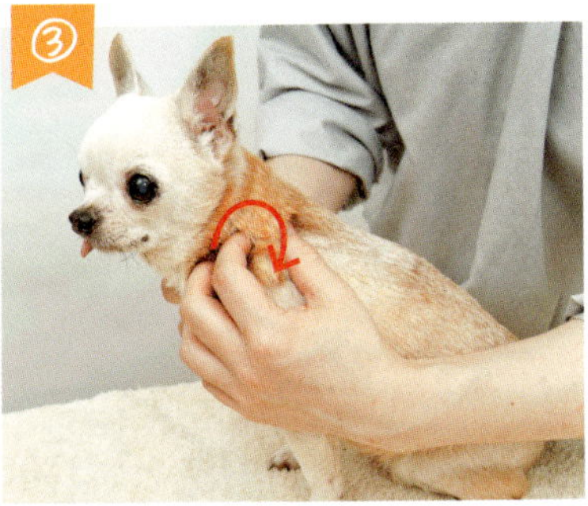

③指先を使って肩甲骨から胸に向かってマッサージ。円を描くように行いましょう

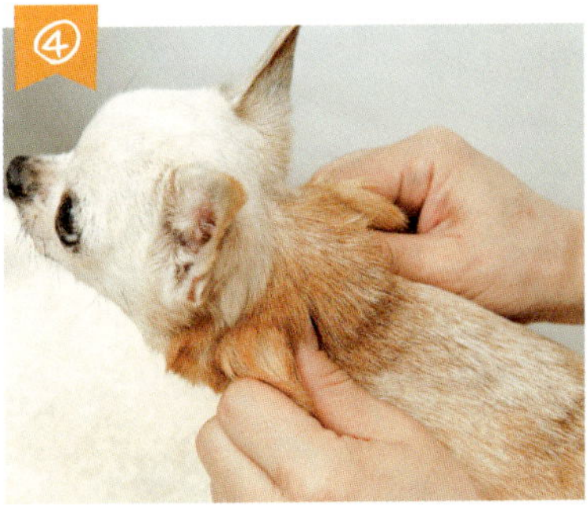

④肩関節周囲の皮膚をつまむように揉みましょう

column
ワンちゃん
簡単マッサージ

コラム②

靴ベラDEマッサージ（かっさマッサージ）

　中国には人も動物も「かっさ」という水牛の角からつくられたヘラのようなもので皮膚をこすり、体にたまった悪いものを出す、という療法があります。ワンちゃんにも有効なので、靴ベラの曲線部分などの皮膚に負担の少ない道具を使って、背中や足を優しくこすってあげましょう。

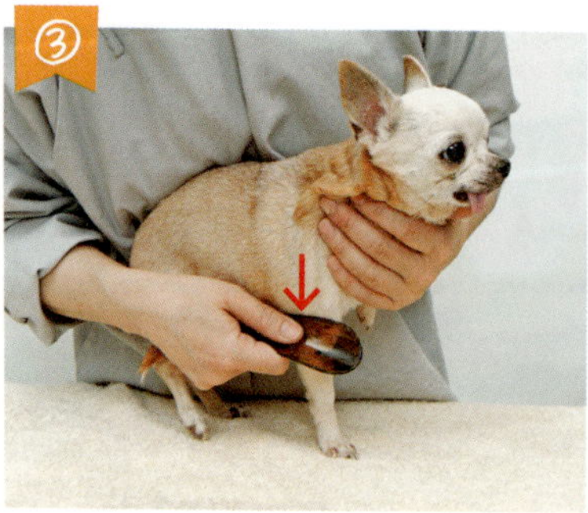

ツボ押し

からだの異常

からだの異常 1

内臓の異常

おしっこのトラブル時に押すツボ

使うツボ……① 三陰交（さんいんこう）、② 腎兪（じんゆ）
③ 陰陵泉（いんりょうせん）、④ 膀胱兪（ぼうこうゆ）

頻尿、多尿、無尿、血尿、残尿感、結石などを引き起こす病気を「下部尿路疾患」といいます。東洋医学では、このような症状を「淋証《りんしょう》」と呼び、その病因は腎と膀胱にあります。腎は体内の水分を、貯留、分布、排泄する働きをもっています。膀胱は不要になった水分を尿に替え、外に排泄する働きをもっています。このどちらかに異常があると、淋証を発症します。

ツボ①

三陰交（さんいんこう）

場所 後肢の内側で、内くるぶしからワンちゃんの指で4横指分（3寸）上に位置し、すねの骨の後側部分にあります。人間と違いこの部分は筋肉が発達していないので、必ずすねの骨の後側をたどって探します。左右後肢に各1穴。

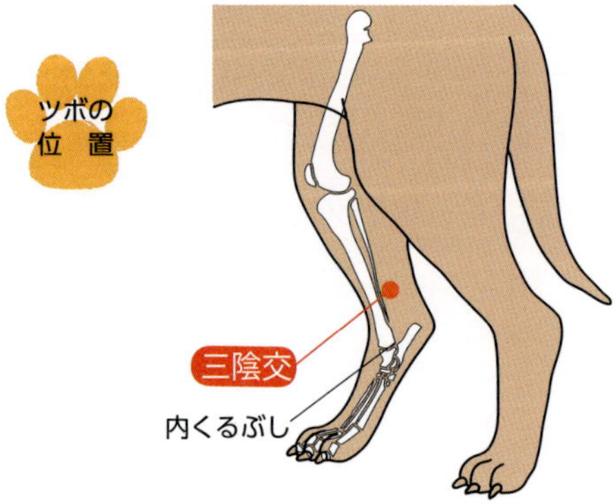

効 果 東洋医学では陰と陽をはっきり分けています。体の内側が陰で外側が陽です。後肢の内側には脾、腎、肝の3つの陰の気が流れる経絡というルートが通っており、三陰交はこの3つの経絡が交わるところにあるツボということで、名付けられました。人間でも足三里と同様によく使われるツボです。婦人科疾患、特に婦人の尿トラブルに効果があります。血行をよくして、体を温めておしっこの量を調整します。ワンちゃんも同様で雌犬のおしっこのトラブルには絶大な効果を発揮します。その他、ホルモンバランスを調整する効果も知られています。

押し方 三陰交に施術者の親指をあてて、すねの骨の外側に回しこむように押します。綿棒を使って押してもいいでしょう。1回5秒で20～30回行います。

ツボの押し方

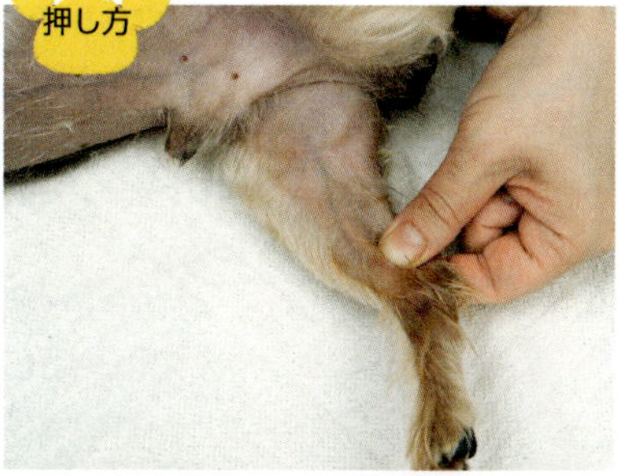

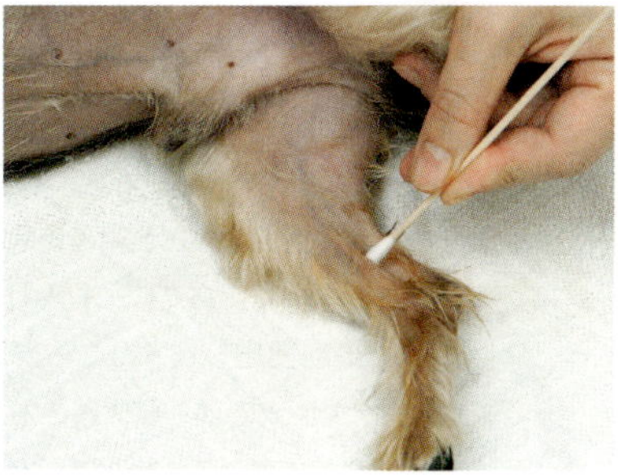

ツボ②

腎兪（じんゆ）

場 所 1番しっぽ側の肋骨の背骨の位置をゼロとし、そこから指をしっぽ側にずらし、3個目の背骨の突起の両脇のくぼみにあります。背骨を挟んで左右に各1穴。

ツボの位置

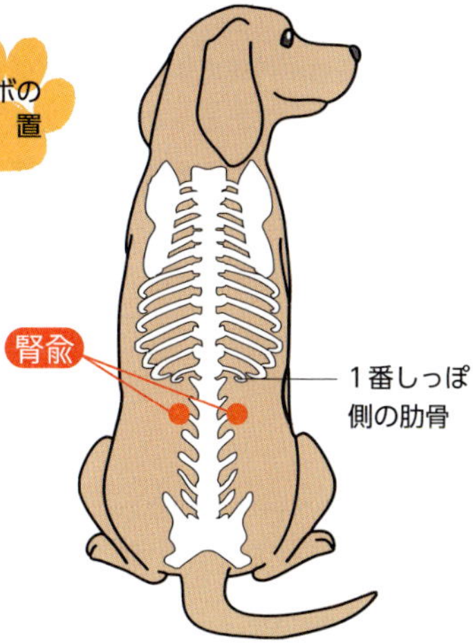

効果

東洋医学では腎は生命エネルギーと生殖エネルギーである“精”を貯えている臓器と考えています。この精のことを“腎気”と呼んでいます。腎気が充足していれば健康で元気はつらつとしていられますが、腎気が不足すると老化が進んだり、体に異常が現れたりします。腎兪には腎気を補充する作用と腎を温めて、腎の機能を向上させ、残尿感を改善する作用があります。また老化防止作用もあり、免疫力を向上させる作用も期待できます。

押し方

小型犬や中型犬では、施術者の親指と人差し指をツボにあてて、もみもみと20～30回押圧します（ニーディング法）。大型犬では、施術者の左右の親指を腎兪にあてて、少しずつ加圧していきます。1回5秒で20～30回行います。

ツボの押し方

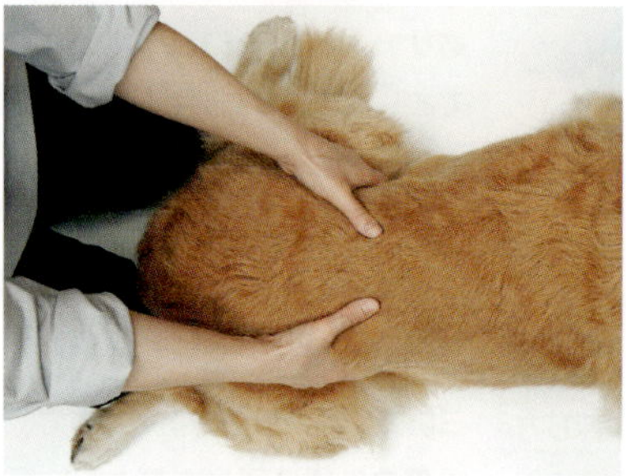

ツボ③
陰陵泉(いんりょうせん)

場所

後肢の内側のすねの骨を膝に向かってたどっていき、止まったところにあります。外側には陽陵泉があります。左右後肢に各1穴。

ツボの位置

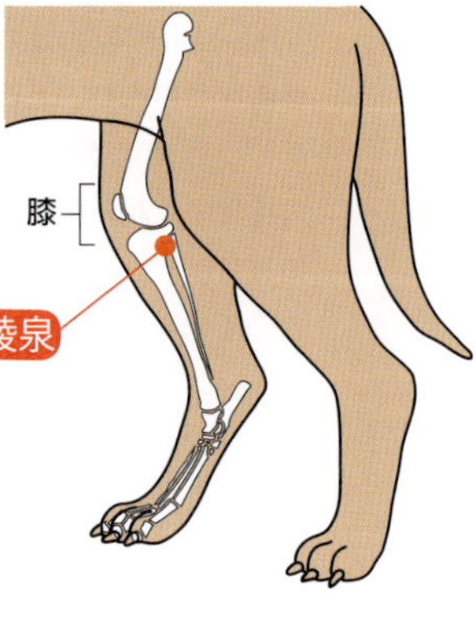

効 果　陰陵泉の“陰”は後肢の内側を、“陵”は“突起や出っ張り部分”を意味し、“泉”は“ここから清らかな水が出るところ”を意味します。このツボには体内の水分を調整してスムーズに外へ排出する作用があり、これによって泌尿器系疾患全般の症状に効果を発揮します。また消化器系疾患や膝の疾患にも効果があります。

押し方　小型犬は綿棒で、中型犬と大型犬は外側にある陽陵泉に向かって押します。また、陽陵泉と陰陵泉を同時にもみもみと押圧（ニーディング法）してもいいです。1回5秒で20～30回行います。

ツボの押し方

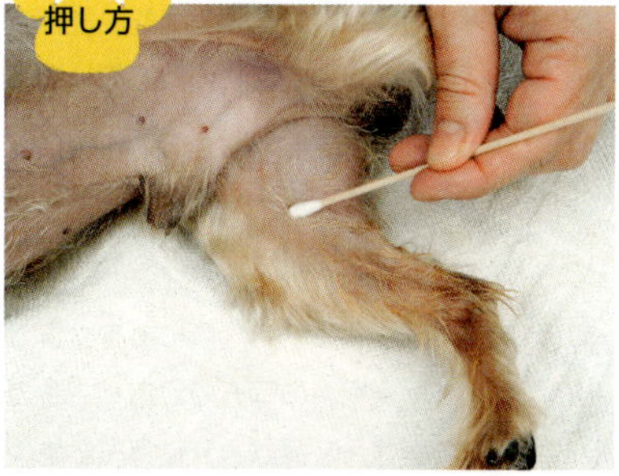

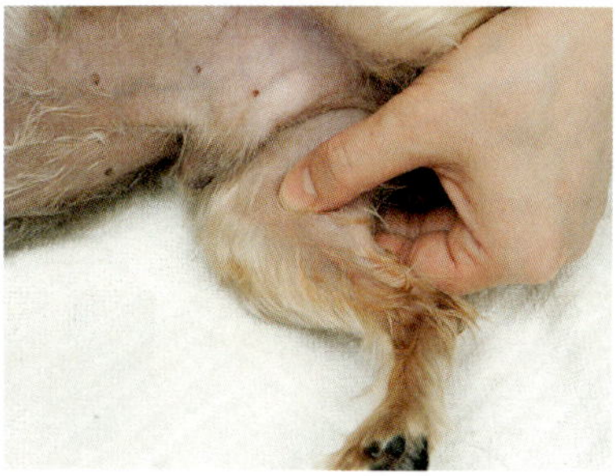

ツボ④

膀胱兪(ぼうこうゆ)

場 所　骨盤の横幅の1番広い部位からワンちゃんの親指で1横指分（1寸）しっぽ側のやや内側にあります。背骨を挟んで左右に各1穴。

ツボの位置

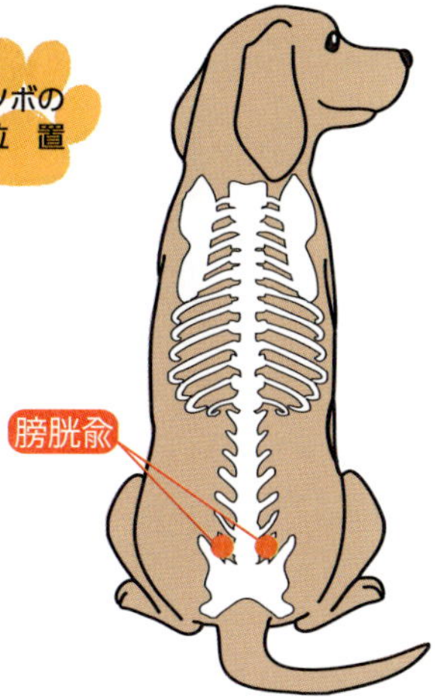

効 果　このツボには膀胱の機能を整える作用があります。膀胱の熱を取り去るツボで、膀胱炎の特効穴です。膀胱炎のすべての症状を緩和する作用が期待できます。

押し方　骨盤の中の狭い場所にあるツボですので、施術者の両方の親指で左右のツボを押さえ、揉むように押圧します。小型犬は綿棒で刺激してもよいでしょう（コットン・スワブ法）。1回5秒で20～30回行います。

ツボの押し方

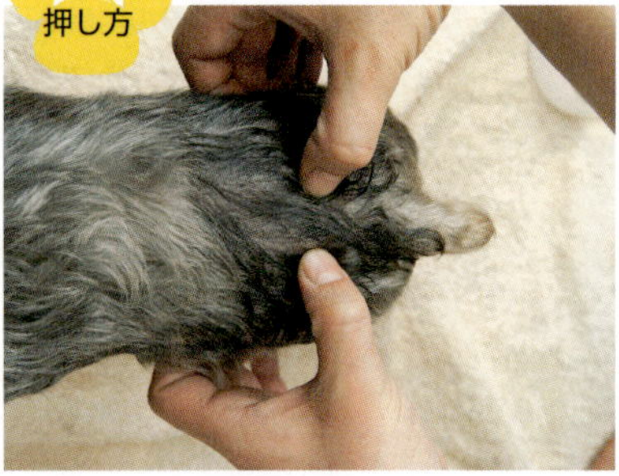

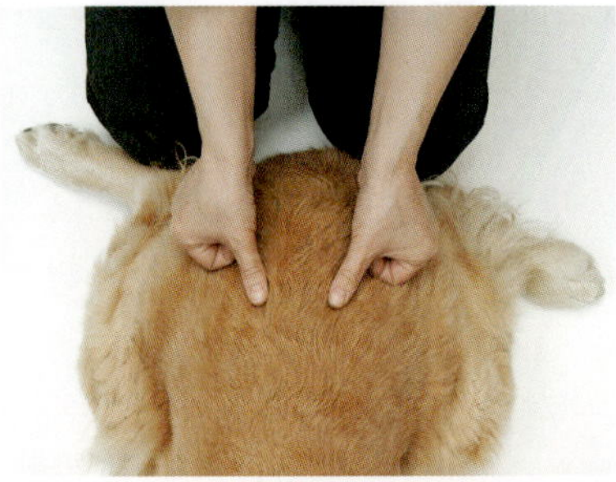

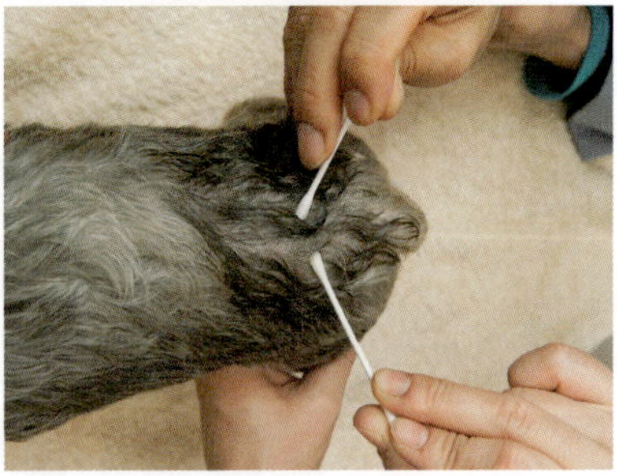

からだの異常
2

内臓の異常

うんちのトラブル時に押すツボ

使うツボ……①大腸兪（だいちょうゆ）、②小腸兪（しょうちょうゆ）

うんちは健康のバロメーターです。おなかの弱い子は、よく便に異常が現れます。また東洋医学では、便秘のときも下痢のときも同じツボを用います。腸の状態を正常に戻してくれる作用があるのです。

ツボ①

大腸兪(だいちょうゆ)

場所　1番しっぽ側の肋骨の背骨の位置をゼロとし、そこから指をしっぽ側にずらし、5個目の背骨の突起の両脇のくぼみにあります。背骨を挟んで左右に各1穴。

ツボの位置

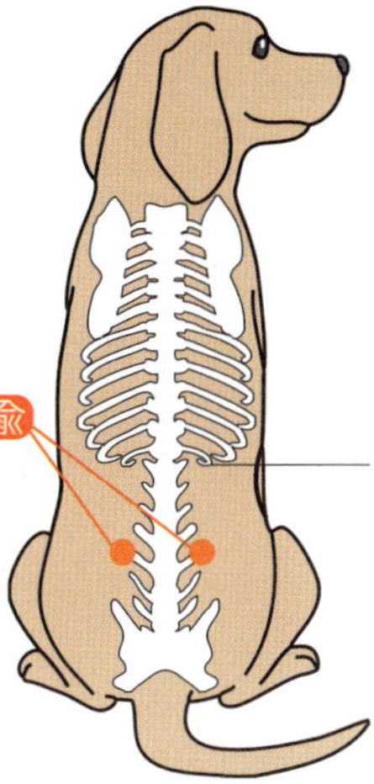

効果　大腸に近く、“気がめぐり入るところ”とされています。その名の通り、大腸の働きを整え、疾患を治す効果が高いツボです。下痢、便秘のほかの胃腸疾患や腰痛にも効果があります。

押し方　小型犬や中型犬では施術者の親指と人差し指をツボにあてて、もみもみと押圧します（ニーディング法）。大型犬では、施術者の左右の親指をツボにあてて押圧します。下痢のときは軽めに、便秘のときは強めに刺激します。1回5秒で20～30回行います。

ツボの押し方

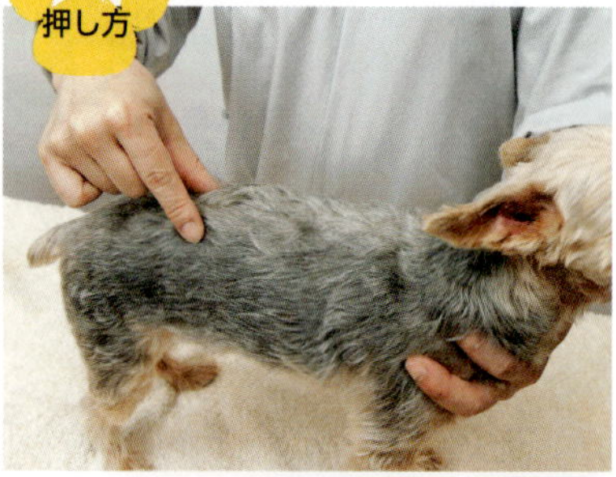

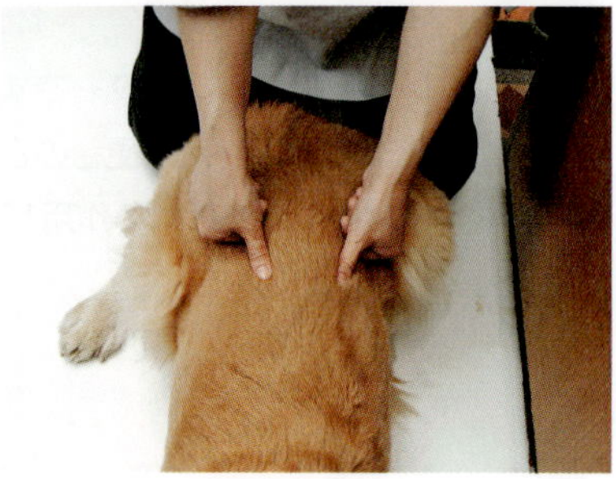

ツボ②

小腸兪(しょうちょうゆ)

場所　大腸兪からしっぽ側に向かってたどっていき、骨盤にぶつかったところにあります。背骨を挟んで左右に各1穴。

ツボの位置

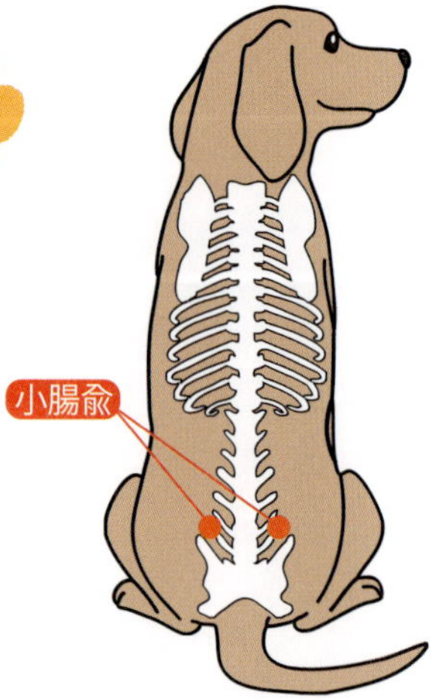

効果　大腸兪と同じ作用があります。腸の働きを整え、下痢や便秘を緩和します。また、腸内免疫を向上させる効果があるため、消化器症状のほか、抵抗力を高めてくれます。

押し方　小型犬や中型犬では施術者の親指と人差し指をツボにあてて、もみもみと押圧します（ニーディング法）。大型犬では、施術者の親指をツボにあてて押圧します。下痢のときは軽めに、便秘のときは強めに刺激します。1回5秒で20～30回行います。

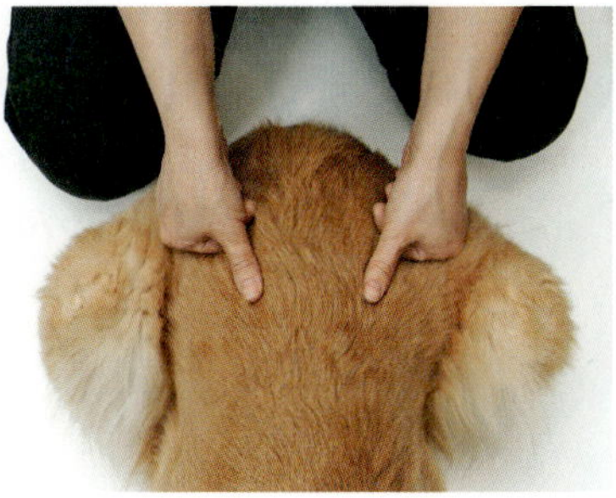

からだの異常

3

内臓の異常

胃腸が弱い子のためのツボ

使うツボ…… ① 気海（きかい）、② 大巨（だいこ）、③ 天枢（てんすう）、④ 支溝（しこう）

　食が細い、うんちが柔らかくなりやすい、時々吐くことがある、など胃腸にトラブルのあるワンちゃんは少なくありません。また、食べる速度が速く、消化不良を起こしやすいワンちゃんもこのツボを参考にしてください。

ツボ①

気海（きかい）

場所　おへそからワンちゃんの指で2横指分（1寸5分）下にあります（写真の赤●はおへその位置）。1穴。

効果　このツボはいろいろな気の病に用います。気が頭のほうにいくことでおなかが冷えてしまい、それによって食欲不振、下痢、嘔吐などの症状を呈した場合に用いると効果があります。人間の場合は強壮保健（体質の改善、特定の栄養素の不足による症状の改善・予防）の名穴として知られています。お腹が痛いとき、無意識にお腹に手をあてていますね。そこがまさに気海のツボです。体全体の気の流れを改善し、胃腸の働きを調整してくれます。

ツボの位置

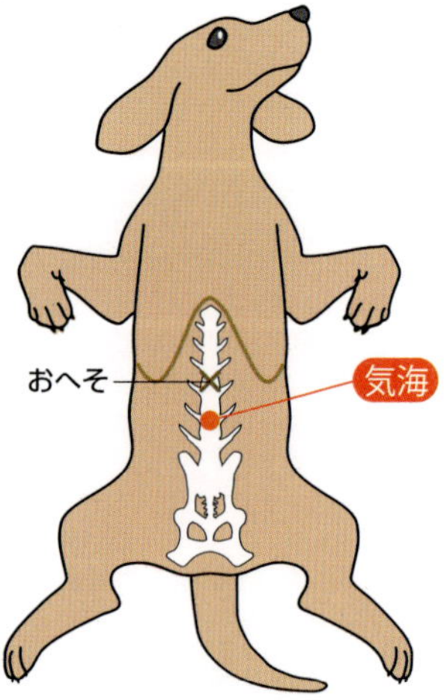

押し方 このツボを中心に、施術者の手のひら全体であたためます。

ツボの押し方

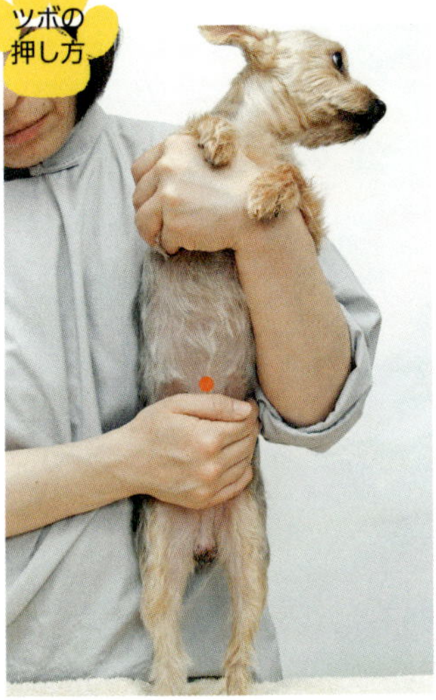

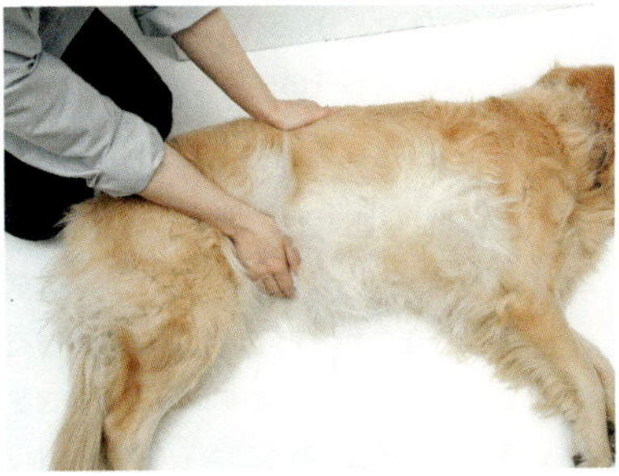

ツボ②

大巨（だいこ）

場 所 おへそからワンちゃんの指で2横指分（1寸5分）下の左右にあります。気海の両側。左右各1穴（写真の赤●はおへその位置）。

効 果 落語で“大巨に鍼をして抜けなくなった”という噺《はなし》がありますが、そんな危ないツボではありません。気海をはじめこの大巨もですが、へそから下のツボは気を充実させる働きがあります。おなかに触ってキュルキュル音が鳴っていたり、張ったような感じがある場合や便秘や下痢、腸炎などに効果があります。

押し方 このツボを中心に、施術者の親指と人差し指で1回5秒で20～30回軽くつまみましょう。

ツボの位置

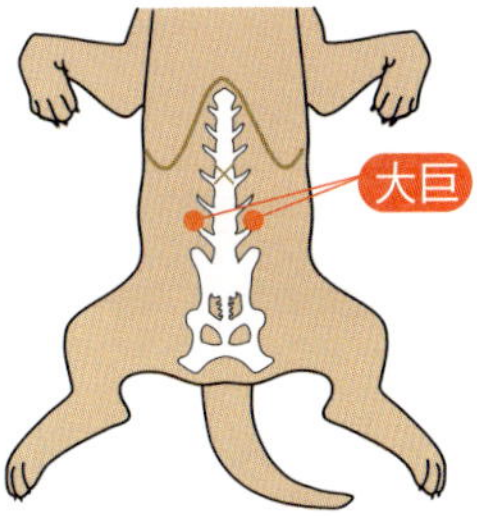

ツボの押し方

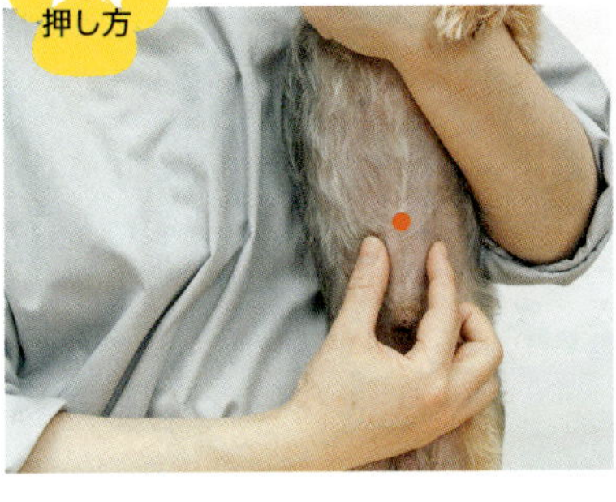

ツボ③

天枢(てんすう)

ツボの位置

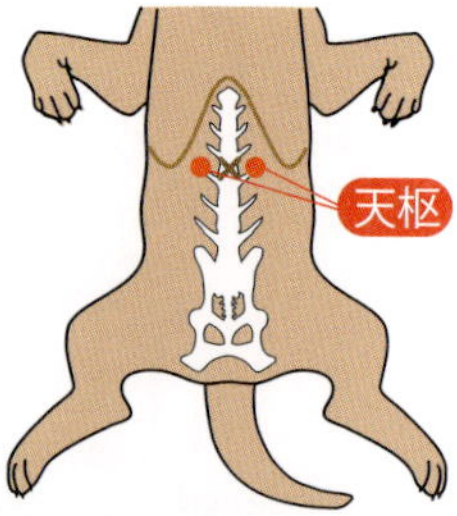

場 所　おへその両脇。ワンちゃんの指で2横指分（1寸5分）外にあります（写真の赤●はおへその位置）。左右に各1穴。

効 果　天枢の“天”はおへそから上を指し、“枢”は“枢軸《かなめ》”、“大切なところ”という意味があります。つまり胃腸の気の働きをつかさどる大切な場所であることを意味しています。胃腸の働きを整え、活発にするため食欲を増進させ、胃もたれ・消化不良・食べ過ぎに有効です。慢性の胃腸病や便秘、下痢にも効果を発揮します。

ツボの押し方

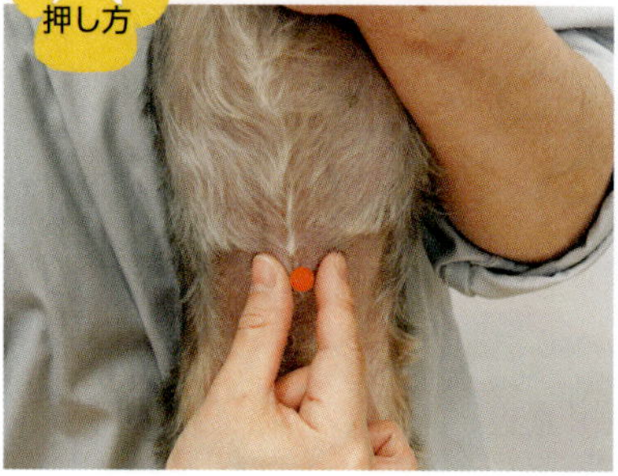

押し方　左右のツボに親指と人差し指をあて、1回5秒で20～30回、軽くつまみましょう。

ツボ④

支溝(しこう)

ツボの位置

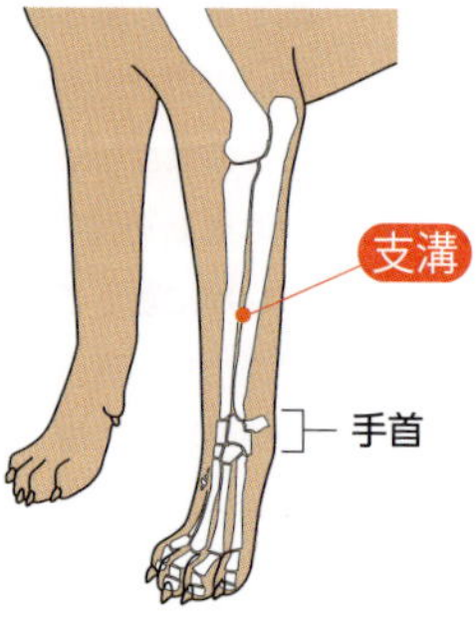

場 所　前肢の外側で、2本の骨（尺骨と橈骨）の間にあり、手首からワンちゃんの指で4横指分（3寸）上。左右前肢に各1穴。

効 果　水分代謝、特に排泄をつかさどる働きがあり、体内の水のめぐりを改善します。そのため便秘解消作用があります。また、冷え性、肩こり、眼のトラブルにも効果があります。

押し方　施術者の手のひらでワンちゃんの前肢を押さえ、親指をツボにあてて、握るように押圧します。1回5秒で20 ～ 30回行います。

からだの異常 4

内臓の異常

車酔いしたときに押すツボ

使うツボ…… ① 内関（ないかん）、② 築賓（ちくひん）

車に弱いワンちゃんは嘔吐するばかりでなく、心臓がドキドキしたり、よだれを垂らしたりします。大人になってから車好きにさせるのはなかなか難しいところがあります。日頃からのツボ押しはもちろんですが、車に乗る30分前からツボ押しするだけでもずいぶん違います。

ツボ①

内関（ないかん）

場所 前肢の内側で、手首からワンちゃんの指の3横指分（2寸）上にあり、左右2本の筋肉の間。左右前肢に各1穴。

効果 内関の“内”は前肢の内側を意味し、外側にある外関と対比しています。“関”は手関節の近くにあるツボであることを表しています。内関と外側にある外関をいっしょに押すと効果的です。このツボは、気の流れをよくして胃の働きを調整するため、乗り物酔いによる吐気にも効果を発揮します。また精神を安定させ、ストレスを緩和するため、心が落ち着き、よだれの分泌が抑制されます。

ツボの位置

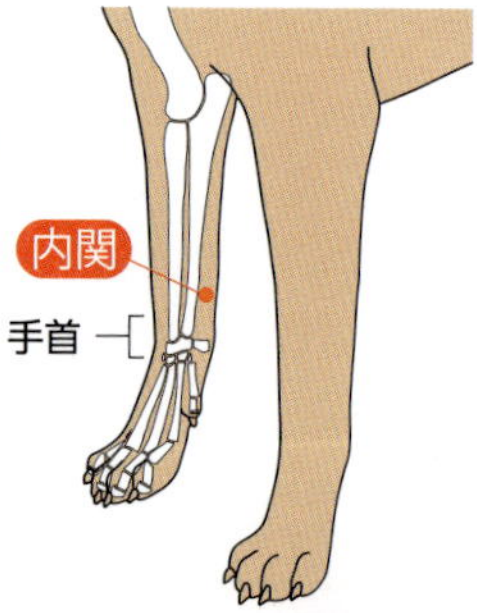

ツボの押し方

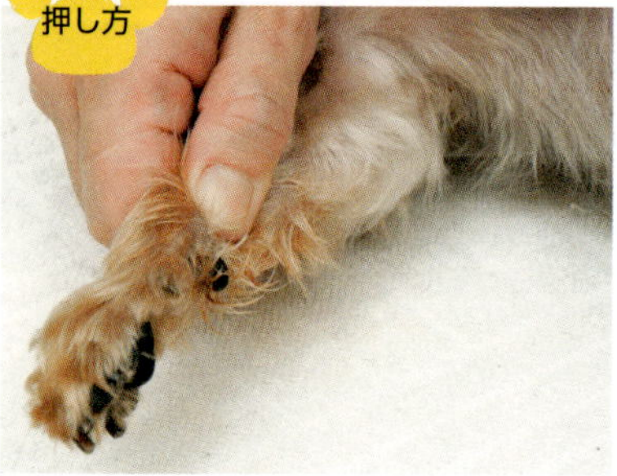

押し方 前肢の外側の外関に向かって内関を押圧します。綿棒を使って押してもいいです（コットン・スワブ法）。外側の外関と内関の両側から挟むようにもみもみと押圧してもかまいません（ニーディング法）。左右前肢を20～30回押圧します。

ツボの押し方

ツボ②

築賓（ちくひん）

場所 後肢内側で、内くるぶしと膝関節を結んだ線の、内くるぶしから3分の1上のところにあります。左右後肢に各1穴。

効果 横隔膜から下の水分代謝を整え、内臓の調子をよくすることで、車酔いを予防します。嘔吐や流涎（よだれ）に優れた効果を発揮し、下痢、便秘にも効果があります。さらに腎の不調を整え、下肢の血流をよくすることで解毒作用もあります。またアトピー性皮膚炎や内臓が弱くなっているときにも有効です。

押し方 外側に向かってゆっくり1回1～2秒で10～20回押圧します。温めるとさらに効果的ですので、温タオルなどで包んで温めてください。

ツボの位置

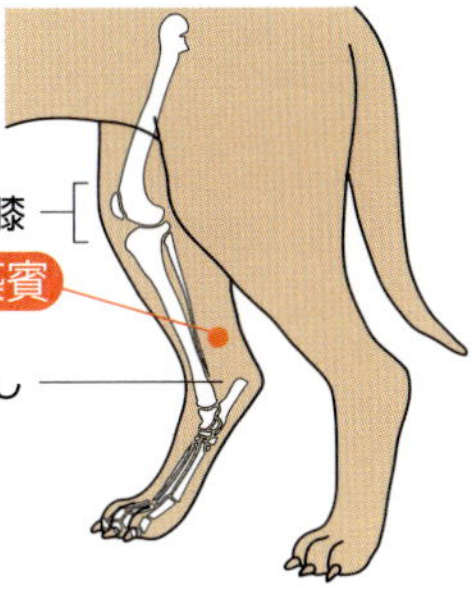

ツボの押し方

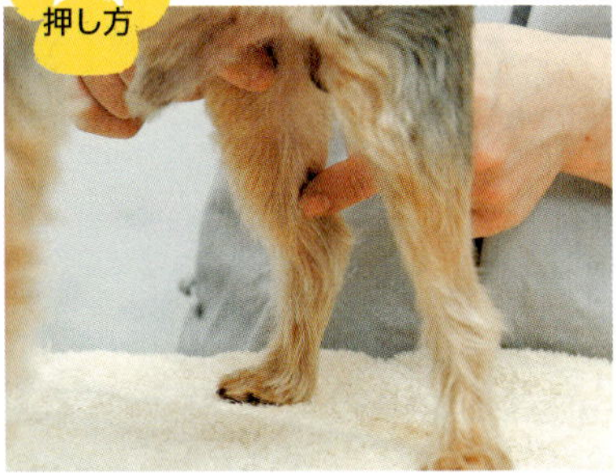

からだの異常

5 食が細い子のためのツボ

使うツボ…… ① 足三里 (あしさんり)、② 中魁 (ちゅうかい)、③ 脾兪 (ひゆ)

「ドッグフードを与えてもすぐに飽きて食べなくなってしまう」、「人間の食べるものは喜んで食べるが、ドッグフードは食べない」、「人間の手から与えないと食べない」など、食べさせるのに苦労するワンちゃんには、このツボを使いましょう。

ツボ①

足三里(あしさんり)

場所　後肢の膝の外側にある骨の出っ張りの、斜め前下のくぼみにあります。左右後肢に各1穴。

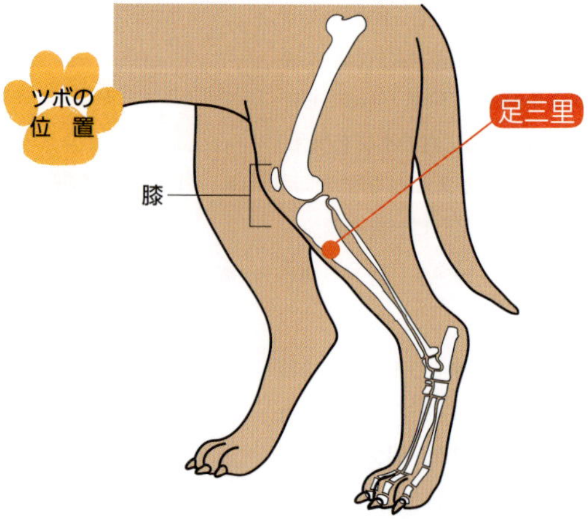

効果 俳人、松尾芭蕉も『奥の細道』で紹介している有名なツボです。「まずは三里に灸をして」というように当時としては健康常備穴であったようです。疲労回復を図り、消化と排泄をコントロールする働きがあり、食欲を増進させてくれます。脾を健やかにし胃を和やかにする作用、気（エネルギー源）の不足を補い、エネルギーを補充する作用、気、血（血液）の流れを活発にする作用など多彩です。東洋医学では胃腸のことを“脾､胃”といいます。“脾を健やかに”というのは胃腸を丈夫にするという意味です。胃腸のトラブルを解消する効果もあります。

押し方 小型犬には綿棒を用いて、中型犬や大型犬では施術者の親指または人差し指で、内下方に向かって押圧します。1回5秒で20～30回行います。

ツボの押し方

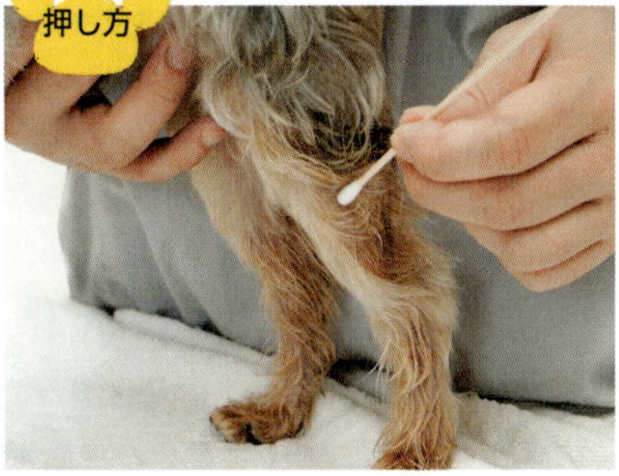

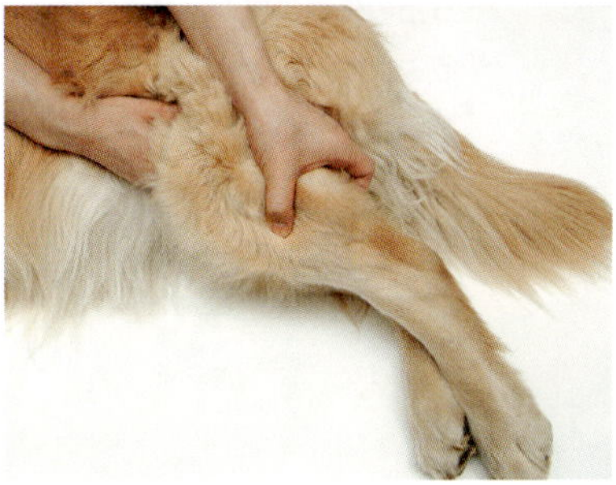

ツボ②

中魁（ちゅうかい）

場所 前肢甲側の中指の第2関節の上にあります。左右前肢に各1穴。

ツボの位置

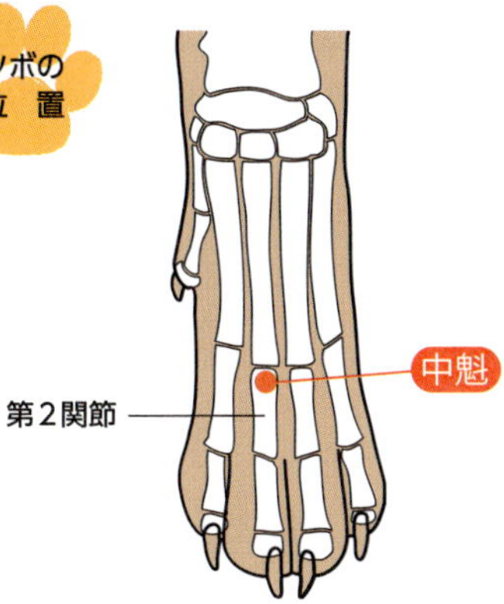

効果 気の流れをよくして胃を丈夫にする作用があります。胃痛、胸やけ、胃酸過多などを抑え、胃の調子を整えます。また、疲れによる食欲不振にも効果があります。

押し方 施術者の手で犬の前肢を握るようにして、施術者の親指で中魁のツボを押さえ、5回押圧します。その後、中魁から指の先端に向かって上下に20回擦るようにマッサージします（ストローク法）。押圧する際は、関節の上ですので、あまり強く押さえすぎないように注意してください。

ツボの押し方

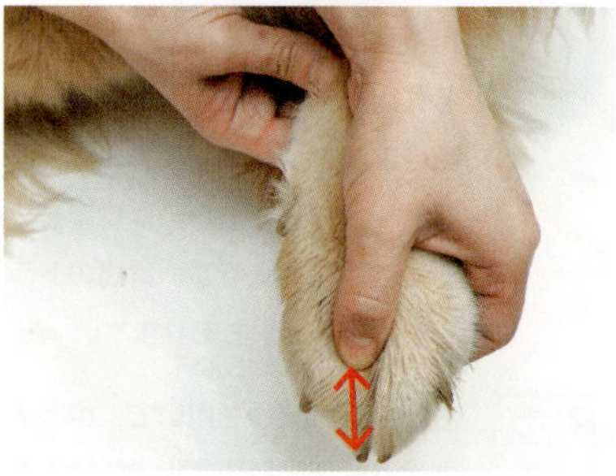

ツボ③ 脾兪(ひゆ)

場所 1番しっぽ側の肋骨とその1個手前の肋骨の間の真上にある背骨の両側のくぼみ。背骨を挟んで左右に各1穴。

ツボの位置

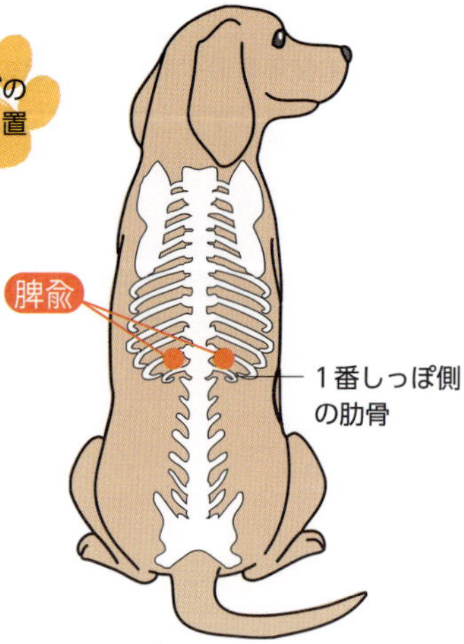

効果　脾は西洋医学の脾臓ではありません。脾と胃の機能が合体したものが、西洋医学の胃腸にあたります。体内の余分な水分を排出させて胃腸を丈夫にする働きがあります。胃腸の機能を高め、消化機能を活発にして、全身に栄養を送る作用があります。

押し方　小型犬や中型犬では、施術者の親指と人差し指をツボにあてて、もみもみと押圧します（ニーディング法）。大型犬では施術者の左右の親指をツボにあてて、少しずつ加圧していきます。1回5秒で20～30回行います。

ツボの押し方

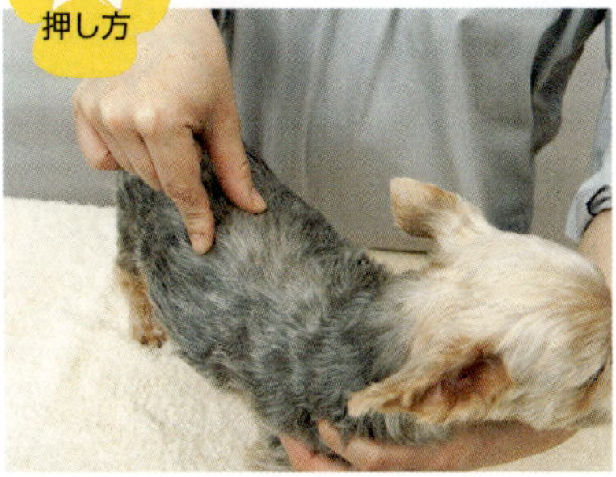

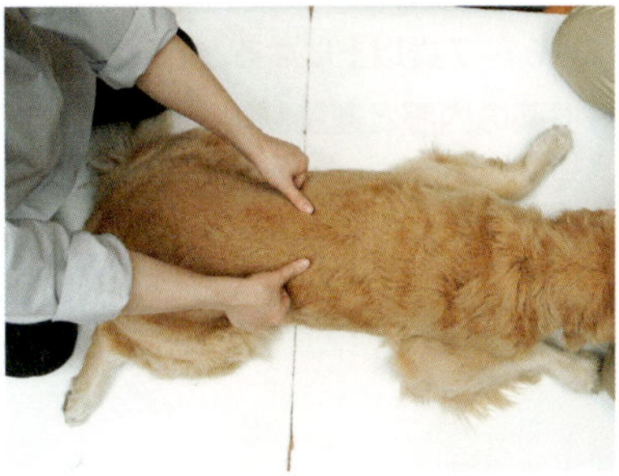

からだの異常 6

内臓の異常

心臓のトラブルをかかえている子のためのツボ

使うツボ……①膻中（だんちゅう）、②郄門（げきもん）、③神門（しんもん）

6～7歳以上になると心臓病を患う子が増えてきます。心臓病と診断されたら、お薬の内服と運動制限、寒暖差の少ない生活、食生活の改善が必要となってきます。同時にツボ刺激も開始して心臓に負担をかけない生活を心がけましょう。また、これらのツボは心の不安や気持ちが高揚しすぎている場合にも有効です。

ツボ① 膻中（だんちゅう）

場所 胸骨（喉の下のくぼみからみぞおちまでの骨）の下端から4分の1の位置にあります。

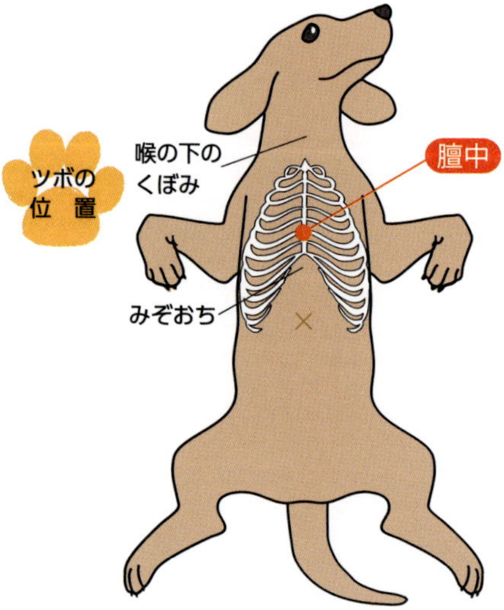

効果　膻中は“気の病を治す”という主治をもっているといわれています。東洋医学で“梅核気”という症状があります。つばを飲みこむときに喉の奥に梅の種でも引っかかるような気がし、それが非常に気になるのですが、いくら検査をしても異常がないといった“気の病”のひとつです。このような症状は往々にして心のトラブルから発している場合があります。このツボには脈拍の異常亢進での不安感、胸の痛みや胸苦しさ、イライラ、息切れ、咳、喉の痛みを軽減する効果があります。また、環境の変化によるストレスを緩和します。

押し方　施術者は人差し指をツボにあて、1、2、3と少しずつ加圧して、そのまま3秒間力を保持し、その後3秒間かけて徐々に力を抜いていきます（スタンダード法）。これを20～30回繰り返します。ワンちゃんによって反応が違いますので、様子を見ながら調整してください。

ツボ②

郄門（げきもん）

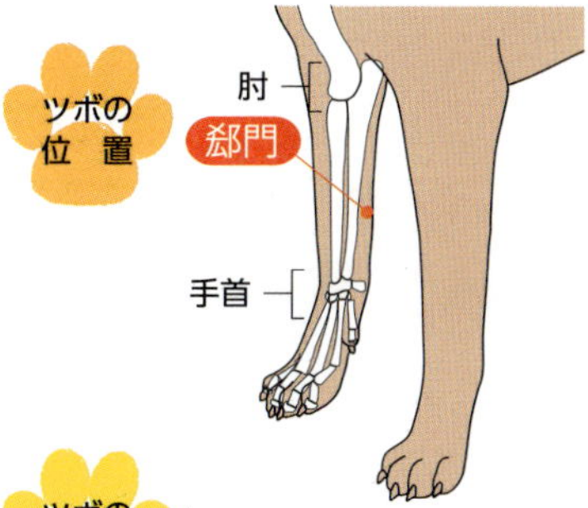

場所　前肢の内側の2本の骨の間で、手首から肘までの距離の5分の2の位置にあります。左右前肢に各1穴。

効果　心臓の症状にはよく使われるツボです。心部痛や動悸に対する主治をもち、胸苦しさ、不安感を抑える作用があります。針麻酔のツボでもあります。

押し方　施術者は手首を保持し、親指で1回1～2秒で5～10回押圧します。

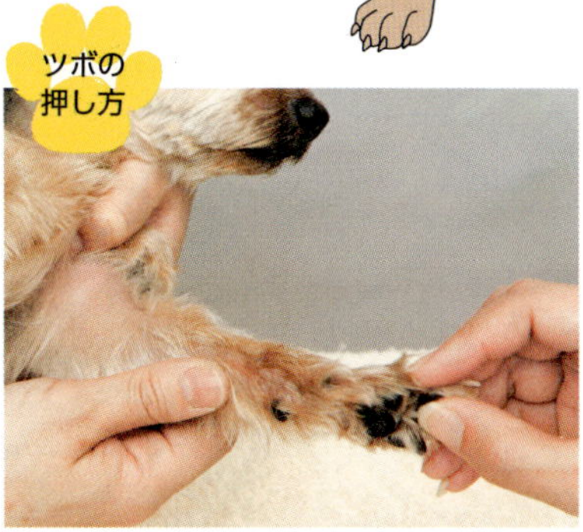

ツボ③

神門(しんもん)

ツボの位置

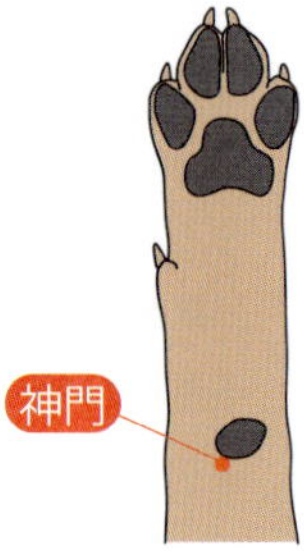

場 所　前肢の手首の内側で小さい肉球の親指側のくぼみにあります。左右前肢に各1穴。

効 果　神門の“神”は“こころ”という意味です。古典では「心は神明をつかさどる」「心は神を蔵《ぞう》す（蔵す：貯蔵する)」といい、“神明”、“神”は“こころ”を指します。心とこころは密接です。
こころはどこにあるかを問われたとき、迷わず心臓の部分を指すのはこの考えによるものです。
神門は心を安らかに鎮める作用があるため、心疾患、分離不安定などの問題行動、てんかん、認知症に効果があります。

押し方　施術者の人差し指で20～30秒押圧します。小型犬の場合は綿棒の先端で押すのもよいでしょう（コットン・スワブ法)。てんかんなどの発作時に押す場合は、ワンちゃんの様子を見ながら押してください。

ツボの押し方

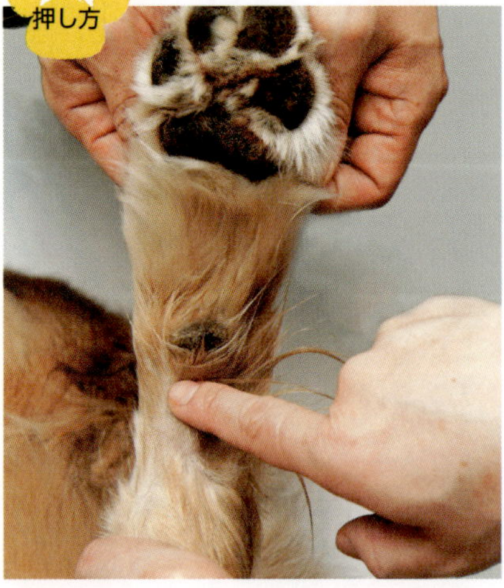

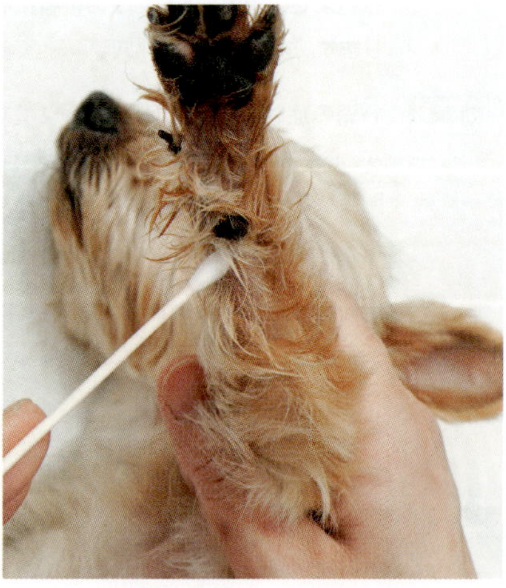

からだの異常
7

内臓の異常

腎臓のトラブルをかかえている子のためのツボ

使うツボ…… ① 腎兪（じんゆ）、② 湧泉（ゆうせん）

高齢犬になると腎臓疾患が増えてきます。若くても発育が悪い場合や骨に問題を抱えている場合にはツボ刺激を毎日行ってください。

ツボ①

腎兪（じんゆ）

場所　1番しっぽ側の肋骨の背骨の位置をゼロとし、そこから指をしっぽ側にずらし、3個目の背骨の突起の両脇にあります。背骨を挟んで左右に各1穴。

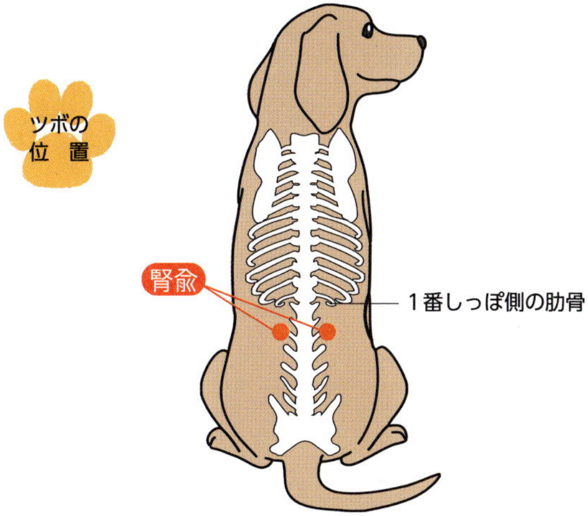

効果　東洋医学では背部のツボは“気を輸送する”と考えられており、腎兪は“腎気が注ぐ場所”と定義しています。腎気というのは腎の働く力、腎機能を指します。腎の機能は成長、生殖、老化などをつかさどっており、腎兪は腎気が衰えた場合、腎気を補う働きがあります。また腎臓の疾患だけでなく、腰痛、後肢の痛み、麻痺、骨の病気にも効果があります。

ツボの押し方

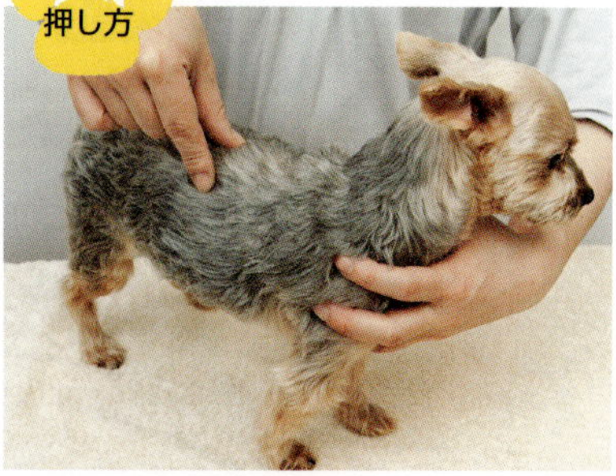

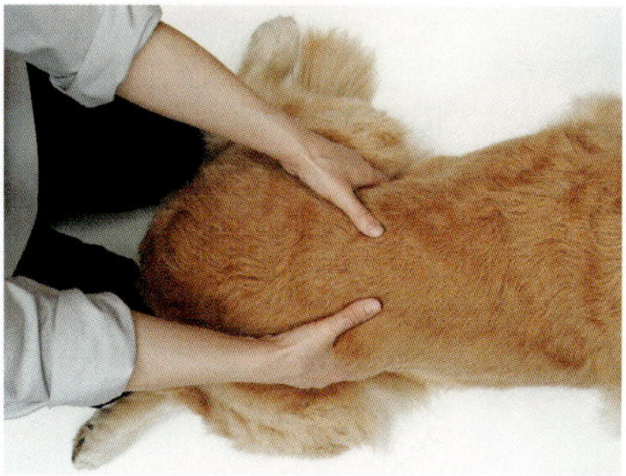

押し方　小型犬や中型犬では、施術者の親指と人差し指をツボにあてて、もみもみと押圧します（ニーディング法）。大型犬では、施術者の左右の親指を腎兪にあてて、少しずつ加圧していきます。1回5秒で5～10回行います。腰痛の場合は無理な圧力をかけずに皮膚をピックアップしましょう。棒灸（温灸、P69参照）、温タオルなどでできるだけ温めたい場所です。

ツボ②
湧泉（ゆうせん）

場所　後肢の足裏の大きな肉球の付け根にあります。左右後肢に各1穴。

ツボの位置

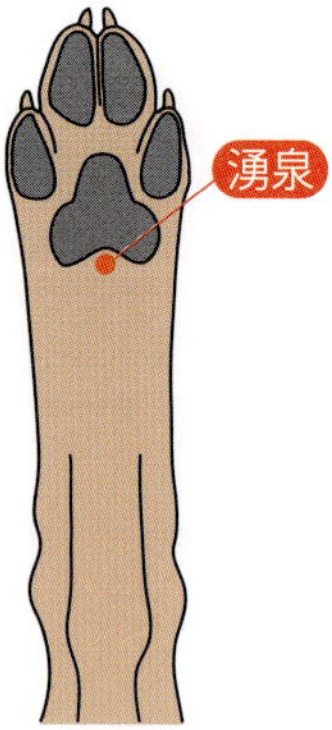

効果 人間では昔から足三里と同じように養生灸をすえる穴として有名です。足腰が冷えてだるい、手足が冷たいなどの、いわゆる冷え性などにも効果があります。このツボは体を温める熱源でもあり、"元気"が泉のように湧きでるツボです。腎臓の問題や、腰痛、椎間板ヘルニアによる麻痺、不全麻痺にも効果があります。

押し方 親指の腹で5～10回押圧します。20～30秒間揉むようにしてもいいでしょう。揉む場合も5～10回です。足先のマッサージは体を温め、麻痺を改善する効果もあります。

ツボの押し方

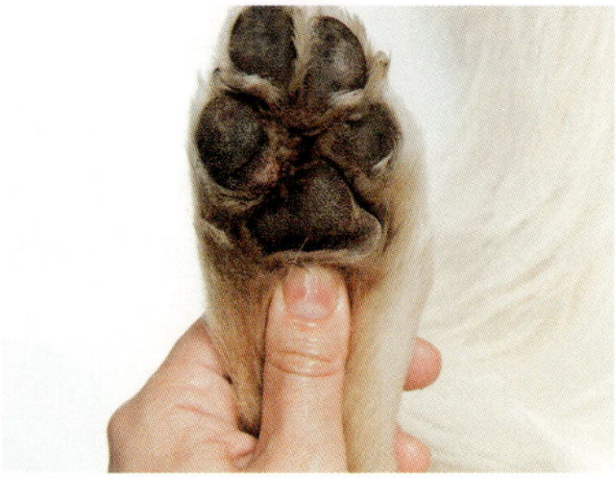

棒灸(温灸)

棒状の灸を専用の器具を使って皮膚に近づける、またはそのまま皮膚に近づけます。輻射熱で温める最も簡易で安全な灸です。中国で主流の灸法で、冷え性、腰痛、下痢、歩行障害などセルフケアに最適です。棒灸セット（インターネットで購入可能）を購入いただき、自宅で手軽に行うことができます。

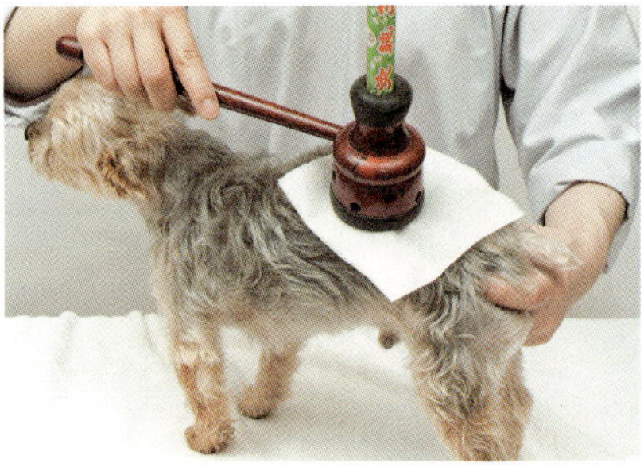

からだの異常
8

内臓の異常

肝臓のトラブルをかかえている子のためのツボ

使うツボ…… ① 胆兪（たんゆ）、② 肝兪（かんゆ）

　肝臓は予備能力が大きいため、病気が進行し病変が広範囲に広がるまで症状が現れないことがあります。異常に気づいたときには既に重症で、すぐ入院治療が必要になることも稀ではありません。血液検査をしたときに肝臓の異常が見つかることもありますので、定期検診は早期発見の大切な習慣になります。

ツボ①
胆兪（たんゆ）

場 所　1番しっぽ側の肋骨の背骨の位置をゼロとし、そこから指を頭の側にずらし、2個目の背骨の突起の両脇のくぼみにあります。背骨を挟んで左右に各1穴。

ツボの
位　置

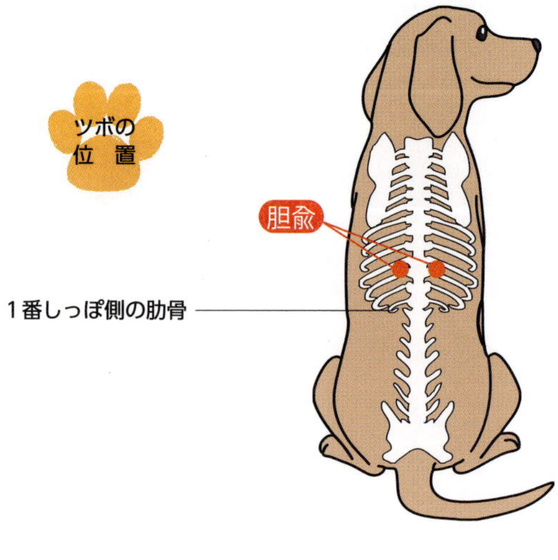

効果　胆兪は「決断をつかさどる」ツボとして有名です。“決断をつかさどる”とは“果敢な決断を下す”働きをもっているということです。「胆力が据わっている」「胆っ玉かあさん」といった言葉はこの意味から来ています。年齢とともに臓器は衰えます。気持ちの面でもあれこれ思い煩うことも多く、何事も決断できず決めることもできない、このような状態を「胆力不足」といいます。「胆力不足」は肝のトラブルが関係している場合があります。このツボはその胆力不足を補うツボです。胆石や黄疸、胆嚢炎のほか、肝臓病全般に効果があります。

押し方　小型犬や中型犬では親指と人差し指をツボにあてて、左右から挟むようにもみもみと押圧します。20～30回行います。写真は2足で立たせていますが、P63のように4足で立たせて押圧してもかまいません（ニーディング法)。大型犬では、施術者の左右の親指をツボにあてて押圧します。1回5秒で20～30回行います。

ツボの押し方

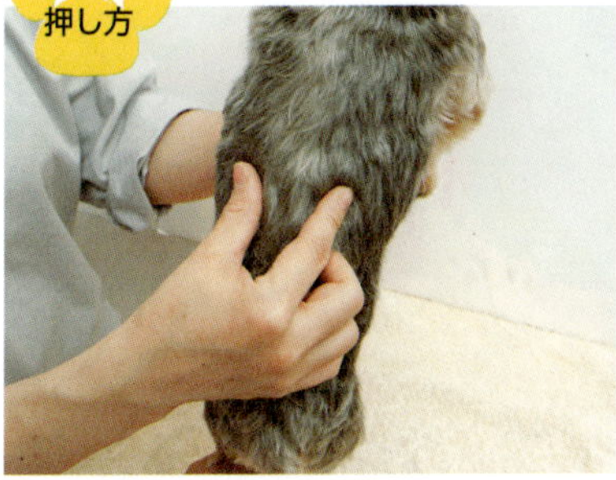

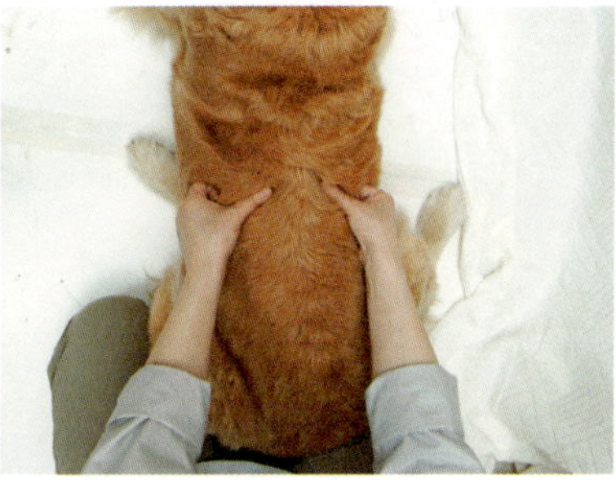

ツボ②

肝兪（かんゆ）

場所　1番しっぽ側の肋骨の背骨の位置をゼロとし、そこから指を頭の側にずらし、3個目の背骨の突起の間の両脇のくぼみにあります。背骨を挟んで左右に各1穴。

ツボの位置

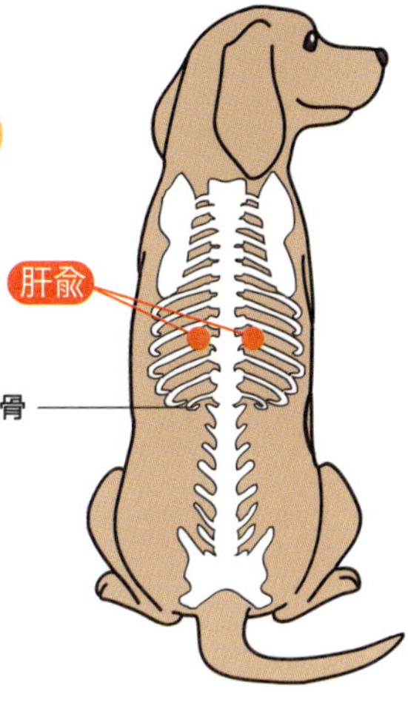

効果　肝兪は今まで述べてきた腎兪、膀胱兪、大腸兪、小腸兪、脾兪と同様に背骨に沿って点在するツボの1つで、肝臓と深いかかわりをもっています。肝の異常はこのツボの部位に現れます。したがって肝兪に刺激を与えれば異常のある個所へ刺激が伝達され治癒効果が発揮されます。東洋医学では「肝は血を蔵す」といっており、血液を調整する臓器といわれています。肝と血を養い、肝機能を強めます。腎兪や肝兪と合わせて押圧するとより効果的です。

押し方　親指と人差し指をツボにあてて、左右からもみもみと押圧します（ニーディング法）。20～30回行います。

大型犬では、施術者の左右の親指をツボにあてて押圧します。下痢のときは軽めに、便秘のときは強めに刺激します。1回5秒で20～30回行います。

ツボの押し方

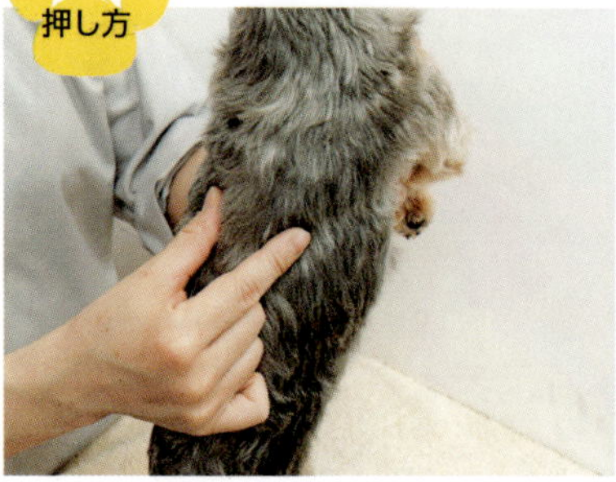

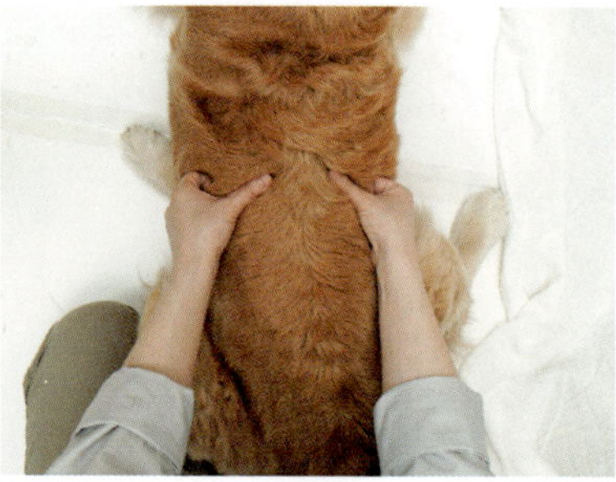

からだの異常
9

内臓の異常

冷え性の子のためのツボ

使うツボ……①陽池（ようち）、②至陰（しいん）、③照海（しょうかい）

病気ではないのですが、肢先や耳が冷たい、いつも寒がっていて暖房の前から離れられない、などのワンちゃんは、冷え性の可能性があります。冷え性はチワワやイタリアングレイハウンドなどの犬種に多くみられる傾向があります。

ツボ①

陽池(ようち)

場 所　前肢の手首の甲側で、手首のまん中にあります。左右前肢に各1穴。

ツボの位置

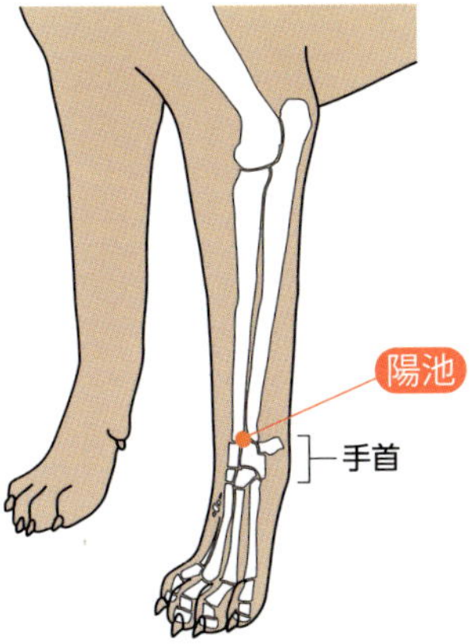

効 果　“陽がたまる池”という名前の通り、手首の関節のくぼみは“池”に似ていることと、“陽気が集まるところ”とされていることにより、この名前がつきました。陽気は体を温める作用があります。したがって血行を改善し体を温めます。中国では万能のツボといわれており、風邪や胃腸虚弱にも効果があります。また手首の痛み、肘の痛み、肩、頸の痛みにも効果があります。

押し方　陽池に施術者の左右の親指をあてて、少し強めに前後に擦るように押圧します。20 ～ 30回行います。または綿棒を使って陽池を3秒押して、3秒休むように押圧してもよいでしょう。

ツボ②

至陰(しいん)

場 所 後肢の小指外側の爪の付け根。左右後肢に各1穴。

ツボの位置

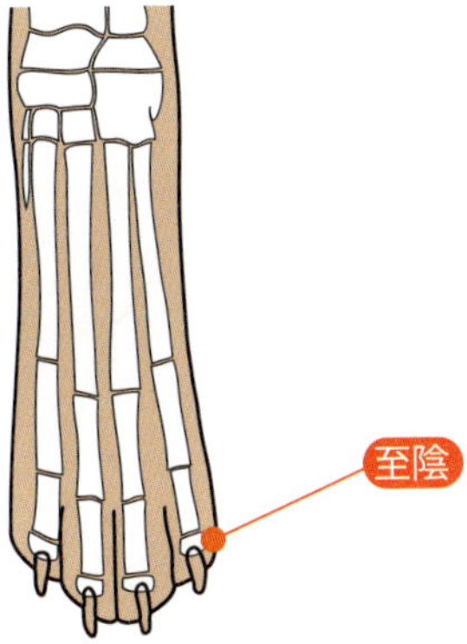

効 果 体に冷えがある場合、後肢の小指は氷のように冷たくなっています。そのようなときに、この小指のツボを軽く刺激してあげるか、飼い主の温かい体温を移入させるような気持ちで全部の指を軽く握っていると、体全体が温まってきます。足の冷えは体の冷えにつながります。このツボは血液循環を促進させ、体内の血液の流れを均一にして、体の上下のバランスを整える作用があります。また逆子を治すツボとしても有名です。

押し方 小指の爪の付け根を、施術者の親指と人差し指で挟むように1回1秒で5～10回押圧します（ニーディング法）。ワンちゃんが痛がる場合には、少し力を加減してください。

ツボの押し方

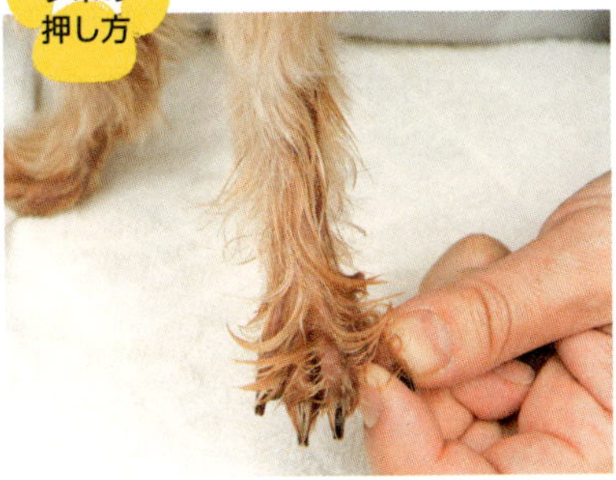

ツボ③

照海(しょうかい)

場所　後肢の内くるぶしの下あたりにあります。左右後肢に各1穴。

ツボの位置

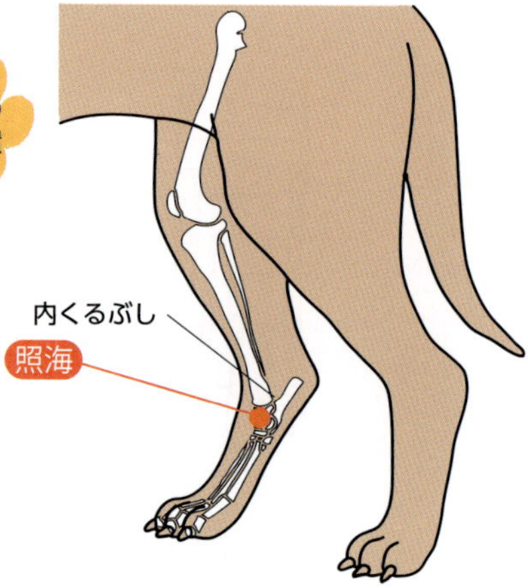

効果　腎は生命力の源である“精”を貯えておくところです。“精”は加齢によって減少し、それとともに老化現象や加齢症状が現れるようになります。その一つに冷えがあります。このツボは体の熱のバランスをよくして、血や気の流れをよくするツボです。冷え性のほかに、便秘、頻尿、生理痛、低血圧、不眠などにも効果があります。

押し方　後肢の内くるぶしを施術者の親指と人差し指で挟むようにして、親指にやや力を入れるようにしてもみもみと10回程度押圧します（ニーディング法）。

ツボの押し方

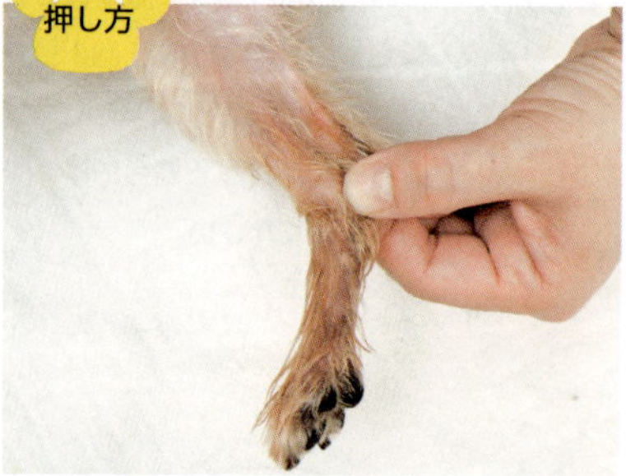

からだの異常
10

内臓の異常

ホルモンバランスを整えるためのツボ

使うツボ…… ① 三陰交（さんいんこう）、② 帰来（きらい）、③ 腎兪（じんゆ）、④ 足三里（あしさんり）、⑤ 血海（けっかい）

老齢犬になると発情の後にホルモンバランスが崩れて生殖器系の疾患になることがあります。また、不妊、去勢手術をしている場合はホルモンバランスがくずれ、太りやすくなったり、毛質が変化したりします。

ツボ①

三陰交（さんいんこう）

場所　後肢の内側で、内くるぶしから、ワンちゃんの指で4横指分（3寸）上の位置で、すねの骨の後ろ側にあります。左右後肢に各1穴。

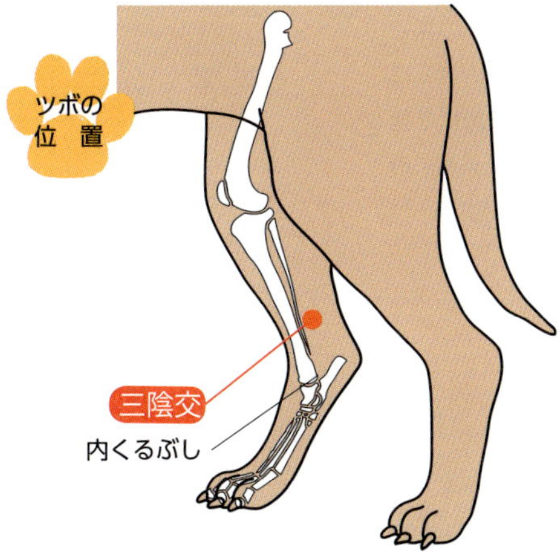

効果 生殖器関連のトラブルに対し、この三陰交は多くの優れた主治をもっています。人間の場合と同様に、不正子宮出血、子宮下垂、不妊症、難産、月経不順など婦人科系の疾患に効果的です。足三里とともに非常に汎用性の高いツボですが、特に安産、婦人病のツボとして有名です。

押し方 三陰交に施術者の親指をあてて、すねの骨の外側に回しこむように押します。綿棒を使って押してもいいでしょう（コットン・スワブ法）。1回1～2秒で20～30回行います。

ツボの押し方

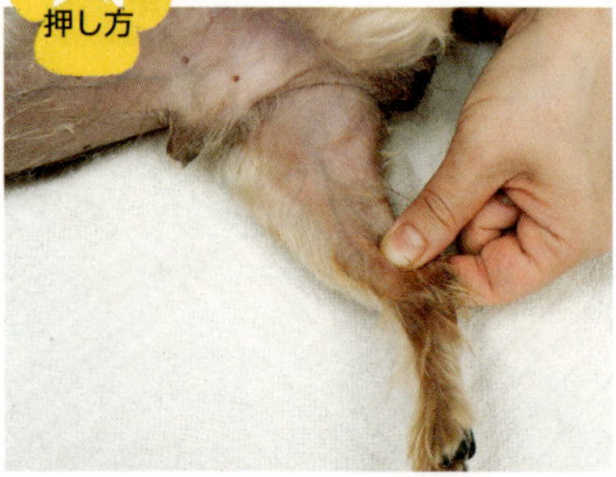

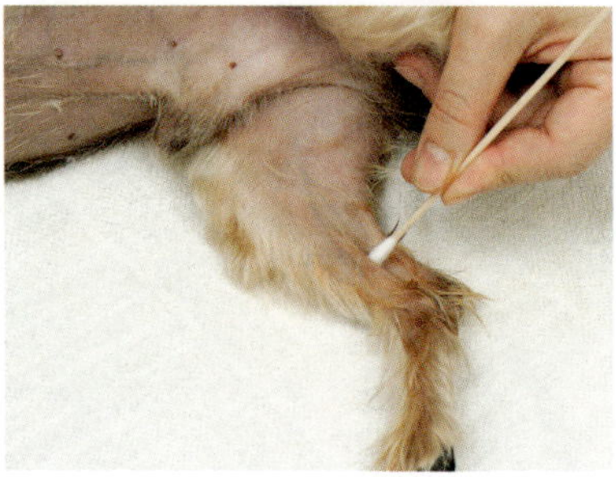

ツボ②

帰来(きらい)

場所 おへそからワンちゃんの指で5横指分（4寸）下で、さらに正中線（体の中央の線）を挟んで3横指分（2寸）外側にあります。左右に各1穴。

ツボの位置

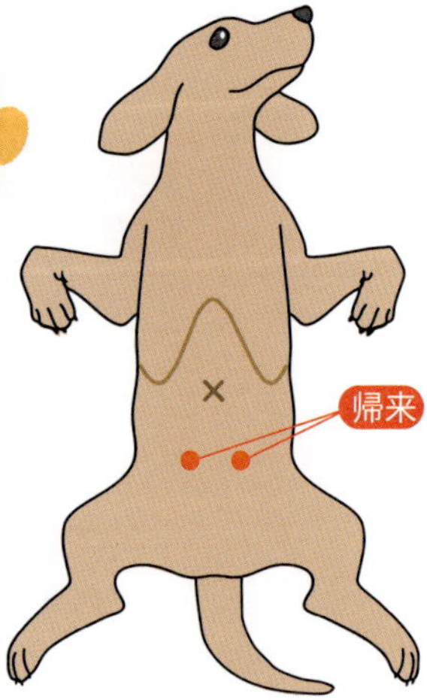

効果　帰来の“帰”は“かえる”、“来”は“戻る”の意。昔の人達はこのツボは調経種子の効能をもち、“婦人の月経を整え、夫の帰来を待って子ができる”というところからこの名をつけたといいます。このツボは主に子宮下垂の主治をもっていますが、このツボに鍼を刺すことによって気血を旺盛にし、下垂をもとの位置に戻すことができるとされています。気を補充して脱落を固定し、子宮脱のように下垂するものを防ぐ作用があります。さらにホルモンのバランスを保って下がることを抑える作用があります。雌は卵巣機能が整います。雄は男性ホルモンの分泌が高まります。

押し方　ツボに親指と人差し指の腹をあてて、左右からもみもみと20～30回揉みます（ニーディング法）。

ツボの押し方

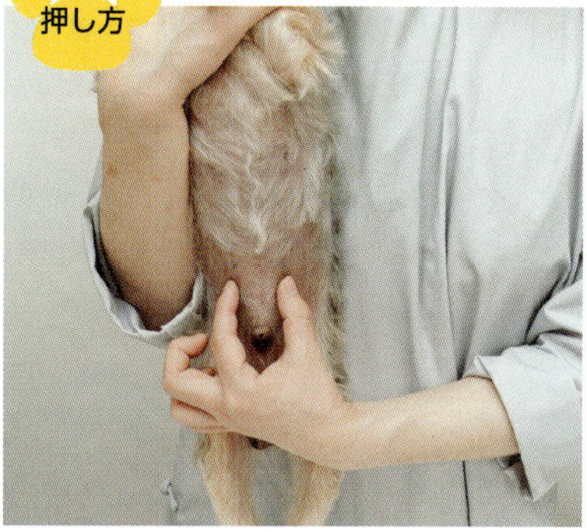

ツボ③ 腎兪（じんゆ）

場所　1番しっぽ側の肋骨の背骨の位置をゼロとし、そこから指をしっぽ側にずらし、3個目の背骨の突起の両脇のくぼみにあります。背骨を挟んで左右に各1穴。

ツボの位置

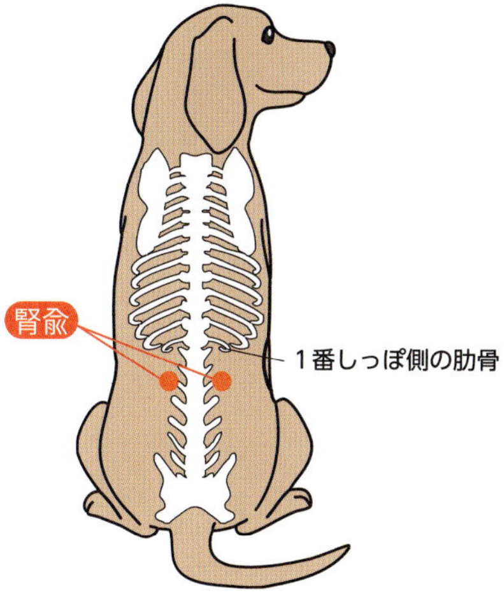

効 果　古典では「生が始まるは、まず精からなる」といっています。精から生命が始まるというのです。腎は精を貯えており必要に応じて消費され、補充されます。精には飲食物からできる「後天の精」と父母から受ける「先天の精」があります。「先天の精」は生殖の基本物質ですが、成長・発育・老化にも深く関わっており、各種ホルモンと大変よく似た働きをします。加齢によりしだいに精の補充ができにくくなるとホルモンバランスが崩れた状態と同じような現象を呈します。腎兪には腎のなかに含まれている精（スタミナ）を高める作用があります。

押し方　小型犬や中型犬では、施術者の親指と人差し指をツボにあてて、もみもみと20～30回押圧します（ニーディング法）。大型犬では、施術者の左右の親指を腎兪にあてて、1回3～5秒で5～10回押圧します。
腰痛の場合は無理な圧力をかけず皮膚をピックアップしましょう。温灸（棒灸、P69参照）、温タオルなどでできるだけ温めたい場所です。

ツボ④

足三里(あしさんり)

場所　後肢の膝の外側にある骨の出っ張りの、斜め前下のくぼみにあります。左右後肢に各1穴。

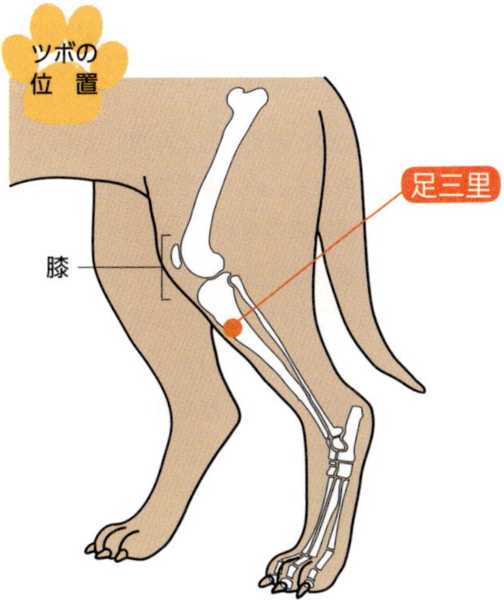

効果　ワンちゃんのホルモン異常の1つに甲状腺ホルモンの異常があります。主な症状は脱毛です。そのほか元気がない、動作がにぶい、寒さや暑さに弱くなる、肥満、繁殖力が低くなる、食欲にムラが出るなどの症状が見られます。このような症状を東洋医学では“気虚”といい、気血の気のほうが不足した状態です。このツボには生命力を養い元気を育てる作用とホルモンバランスを整え、体力を増進させる作用があります。

押し方　小型犬には綿棒を用いて、中型犬や大型犬では施術者の親指または人差し指で、内下方に向かって押圧します。1回5秒で20～30回行います。

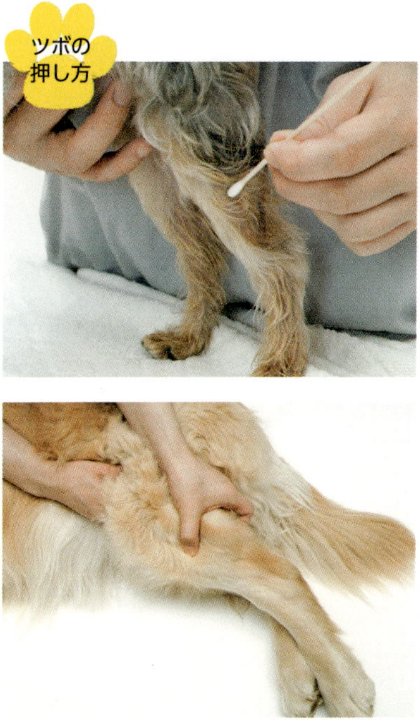

ツボ⑤

血海(けっかい)

場所　後肢の膝の内側上方のくぼみにあります。左右後肢に各1穴。

効果　名前のごとく、血と非常に関係の深いツボです。東洋医学では血は気とともに経絡の中を循行し全身に行き渡り、四肢百骸を滋養します。血海は気血の過不足のバランスを調整し、循環をよくする作用があります。血液の流れをよくし、血の不足を補います。ホルモンバランスを整え発情期のイライラをやわらげます。

押し方　施術者の親指と人差し指をツボにあてて左右から挟むようにもみもみと20～30回押圧しましょう（ニーディング法）。

ツボの位置

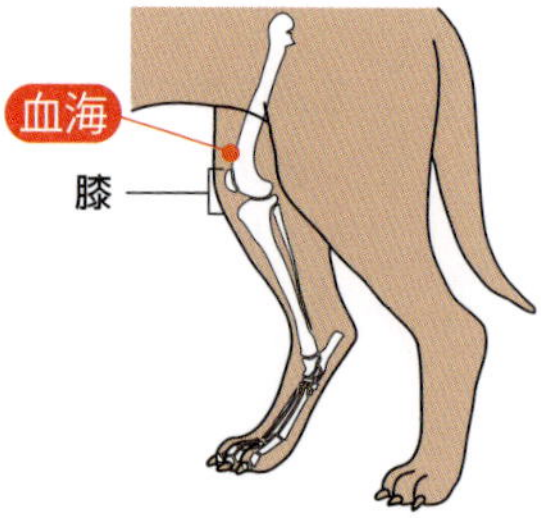

ツボの押し方

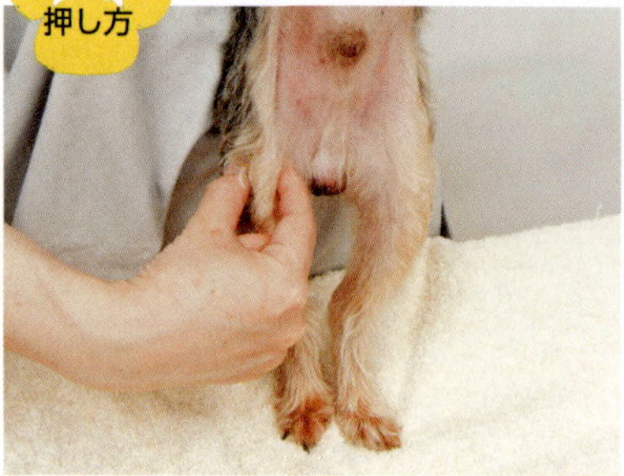

コラム③

歯ブラシマッサージ

腰や頭を歯ブラシで軽くこすってあげましょう。そうするとワンちゃんは“ママになめてもらっている気分”になって落ち着きます。

①

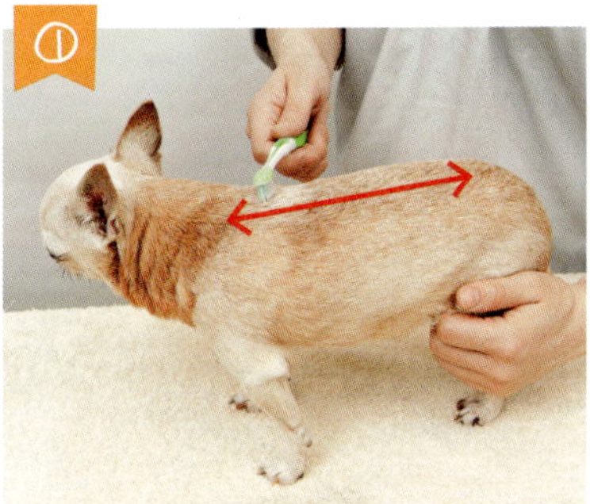

背中を前後にブラッシング－免疫力強化、腰痛・消化器疾患の緩和に効果的

②

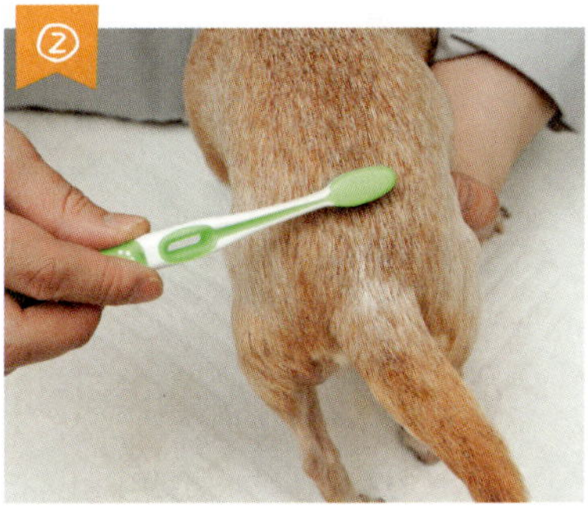

しっぽの付け根をブラッシング－様々な疾患に有効

③

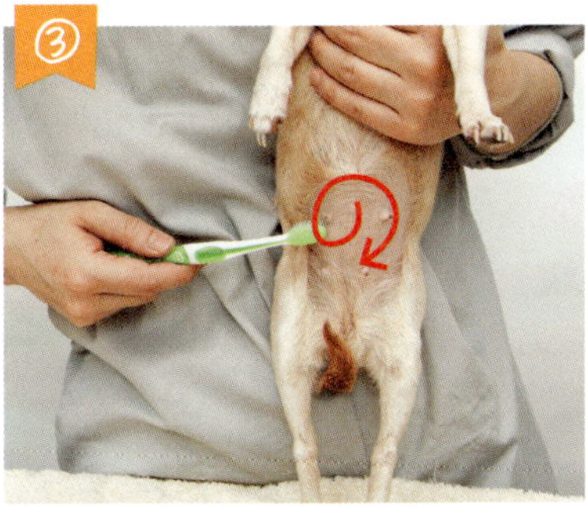

お腹をブラッシング－お腹の調子を整えるのに効果的。ひらがなの“の”の字を描くように丸くブラッシングしましょう

④

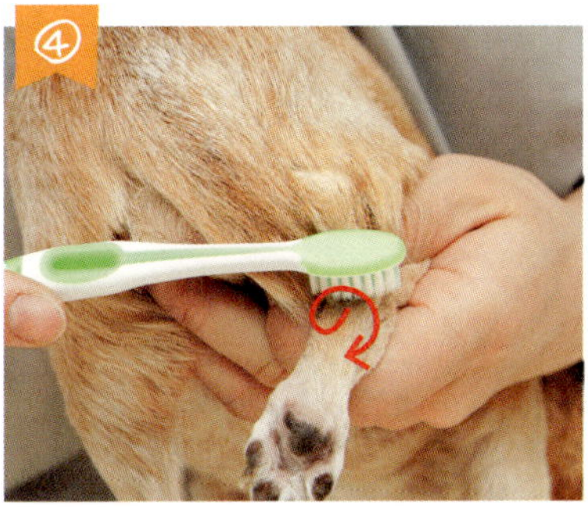

足の後面をブラッシング－ひらがなの“の”の字を描くように丸くブラッシングしましょう

しっぽを前後に大きくブラッシング－ホルモン系疾患に効果的。しっぽは神経が過敏な部位なので、優しくマッサージしましょう

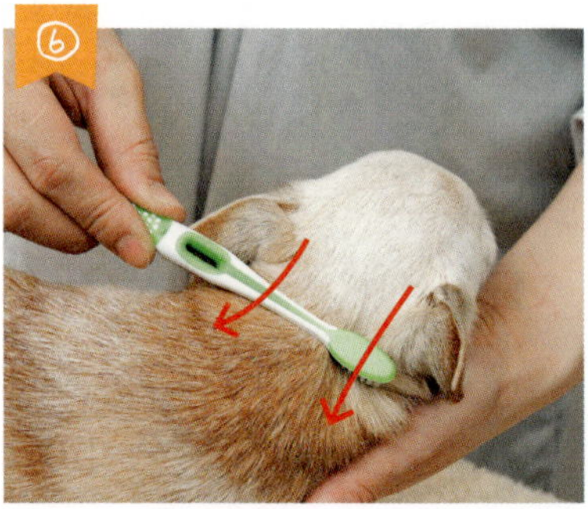

耳の後ろを歯ブラシを強く押しあてるようにブラッシング－風邪のひき始めや予防に効果的

からだの異常
11

運動器の異常

腰痛
のときに押すツボ

使うツボ……①崑崙（こんろん）、②太渓（たいけい）、
③委中（いちゅう）

腰痛は２足歩行をする人間だけのものと思われがちですが、最近ではワンちゃんにも多発しています。老化や肥満、フローリング、遺伝的因子など、その原因は多岐に及んでいます。ツボ療法は腰痛の患部を直接刺激するのではなく、患部から離れているツボを刺激するため、腰に負担がかかりにくいのが特徴です。

ツボ①
崑崙（こんろん）

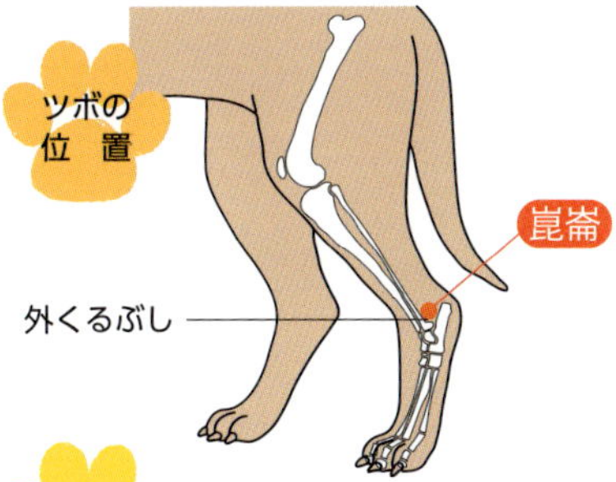

場所　後肢の外側で、外くるぶしの斜め後方にあります。アキレス腱との間のくぼみ。左右後肢に各１穴。内側には太渓があります。

効果　筋肉をやわらかくし、腰や後肢の気と血の流れをよくして腰痛を予防します。

押し方　内側にある太渓と同時に、左右から挟むようにもみもみと20～30回押圧します（ニーディング法）。

ツボ②

太渓(たいけい)

場所　後肢の内側で、内くるぶしの斜め後方のアキレス腱との間にあるくぼみにあります。左右後肢に各1穴。外側には崑崙があります。

効果　主治のひとつに背中や腰の痛みがあります。下半身の血行を改善し、体を温めることにより腰痛を緩和します。外側の崑崙と同時に押すことで、効果が倍増します。

押し方　外側にある崑崙と同時に、左右から挟むようにもみもみと20～30回押圧します（ニーディング法）。

ツボの位置

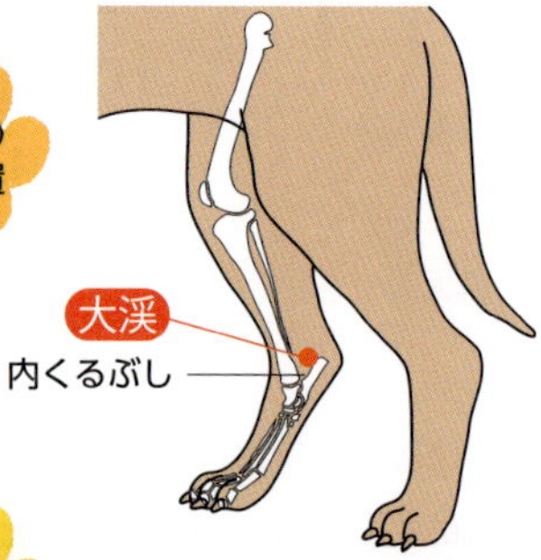

ツボの押し方

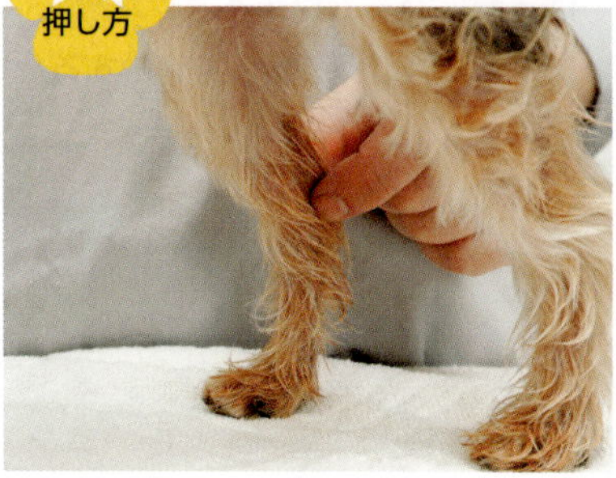

ツボ③

委中(いちゅう)

場所 膝関節の後ろのくぼみにあります。左右後肢に各1穴。

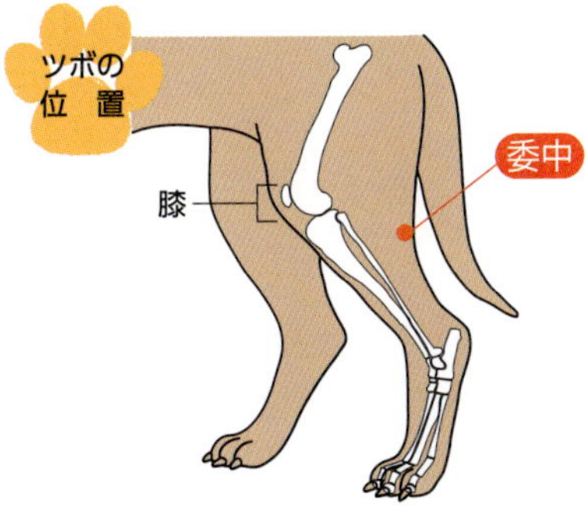

効果 古くから伝わる『四総穴歌』という古典によると、「腰背は委中に求む」とあります。腰や背中の病気には委中を取穴すべしと教えています。気血の流れをよくし筋肉を軟らかくする作用、腰や膝の気と血の流れをよくする作用があります。腰に激痛がある場合には、まずここのツボを押して、あらかじめ痛みをとってから、腰部をマッサージしてあげましょう。

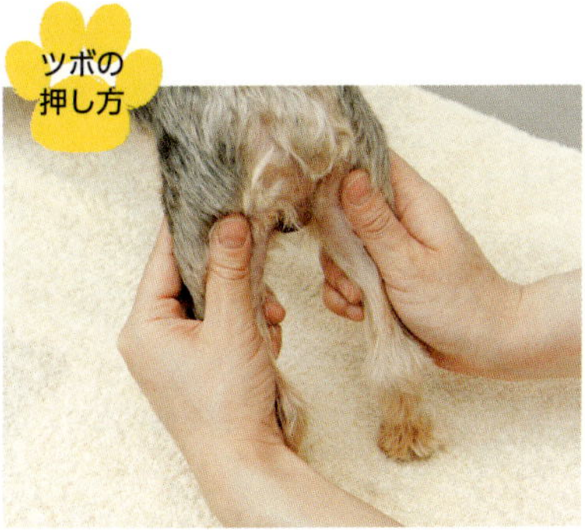

押し方 施術者の親指以外の4本の指で膝の前方を包むようにし、親指で委中を30秒かけて押します。5～10回行います。

からだの異常 12

運動器の異常

肩こり のときに押すツボ

使うツボ……① 曲池（きょくち）、② 天宗（てんそう）、③ 肩井（けんせい）、④ 臑会（じゅえ）

ワンちゃんは人間と違い鎖骨がありませんので、前肢と胴体は前肢帯筋という筋肉で結合しています。また四足歩行により、肩にかかる負担が大きく、理論的には人間よりも肩がこりやすい動物であると考えられます。さらに小型犬は、毎日、下の方から飼い主を見上げているため、さらに肩がこるようです。

ツボ① 曲池(きょくち)

場所 前肢の外側で、肘を曲げた際にできるしわの外側にあります。左右前肢に各1穴。

ツボの位置

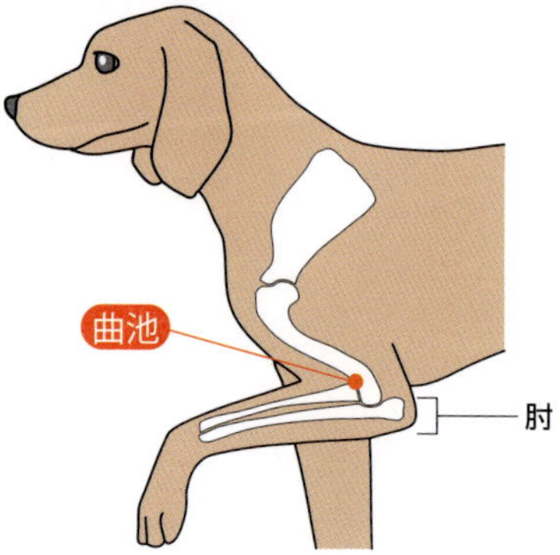

効果 肩こりにもいろいろな原因が考えられますが、人間の場合、感冒の初期に肩こりを訴える場合があります。そして肩のこりがとれると感冒も治ります。感冒の初期に服用する「葛根湯」という漢方薬があり、その方剤は葛根《かっこん》・桂枝《けいし》・芍薬《しゃくやく》・生姜《しょうが》・大棗《たいそう》・甘草《かんぞう》で基剤は葛の根である葛根です。葛根には鎮痛作用があり、特に首のまわりの筋肉のこりをとる作用があるといわれています。曲池はその葛根の役割をもっており、感冒からくる肩こりにも優れた効果を発揮する肩こりの特効穴です。気の流れや自律神経の流れを改善する効果もあります。

押し方 内側に向かって、施術者の親指で3秒押して、3秒休むを20～30回繰り返します。

ツボの押し方

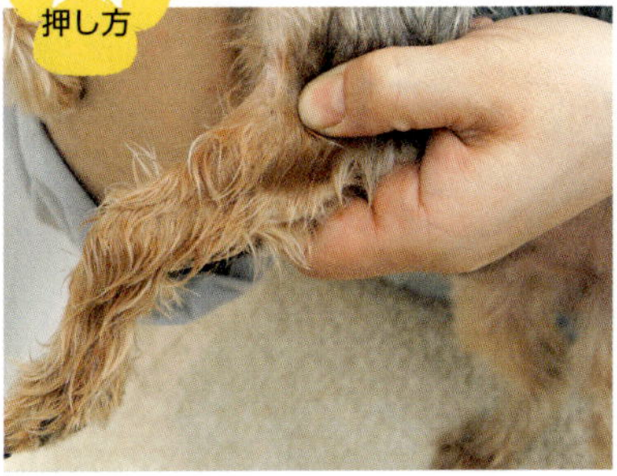

ツボ② 天宗(てんそう)

場所 肩甲骨の後縁のほぼ中央にあります。左右前肢に各1穴。

効果 風邪を治癒させ筋肉を軟らかくする作用があり、肩の筋肉をやわらげてくれます。また、呼吸器の疾患や耳のトラブルにも効果があります。

ツボの位置

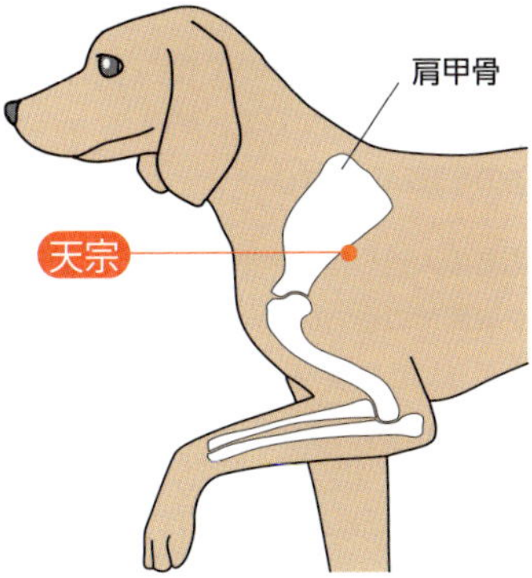

押し方　施術者の親指をツボにあてて、前内方に向かって押圧します。各20～30回行います。

ツボの押し方

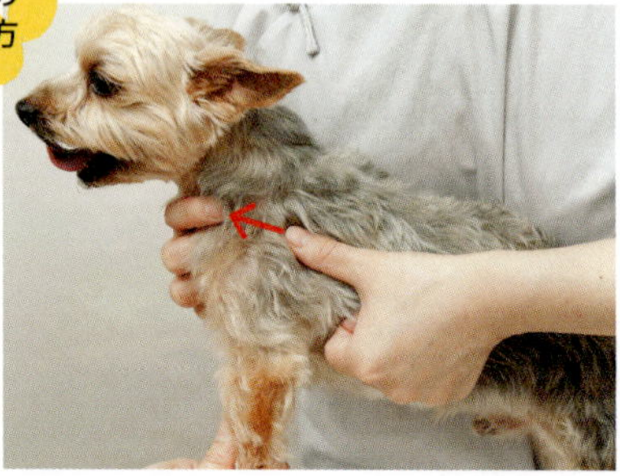

ツボ③

肩井(けんせい)

場 所　肩甲骨の前方で、咽の両側にあるくぼみにあります。左右に各1穴。

効 果　このツボは首すじのこり、肩背部痛の主治をもっており、肩への血液の流れを改善することにより、押圧後、すぐに肩こりを解消することが期待できます。気と血の流れを活発にして、筋肉が硬くなるのを緩和します。

押し方　肩井に施術者の人差し指と中指をあてて、親指を肩関節の後方のくぼみにあてて、揉むようにします（ニーディング法）。20～30回行います。

ツボの位置

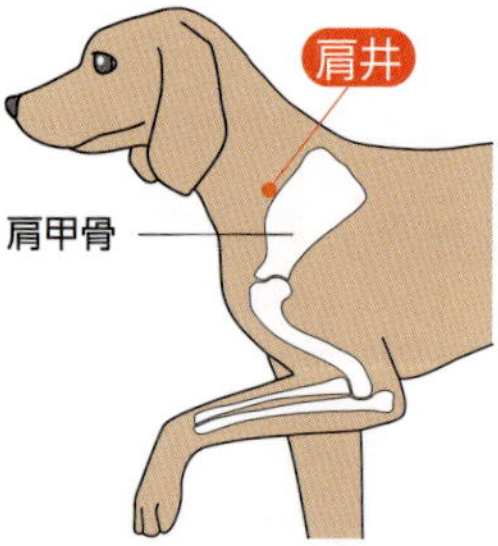

ツボの押し方

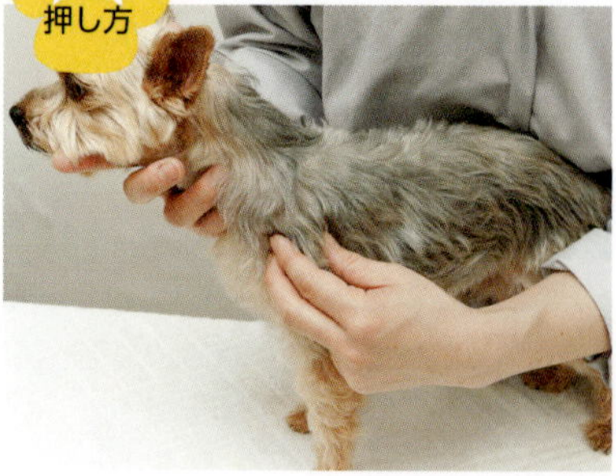

ツボ④

臑会(じゅえ)

ツボの位置

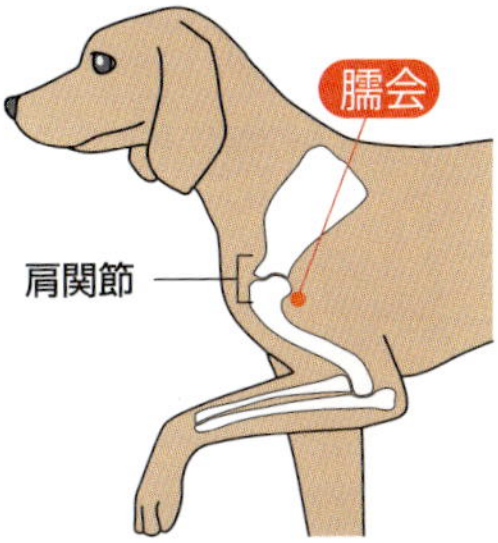

場所 肩関節の後方のくぼみにあります。左右に各1穴。

効果 このツボの主治は肩、腕の痛みで、肩や上腕部の痛みを緩和します。肩関節の動きを滑らかにする働きがあります。肩井といっしょに押すことで効果が倍増します。中獣医学では別名、“搶風《そうふう》”といいます。

押し方 肩井に施術者の親指以外の4本の指をあてて、親指を臑会にあてて、揉むように20～30回押圧します（ニーディング法）。

ツボの押し方

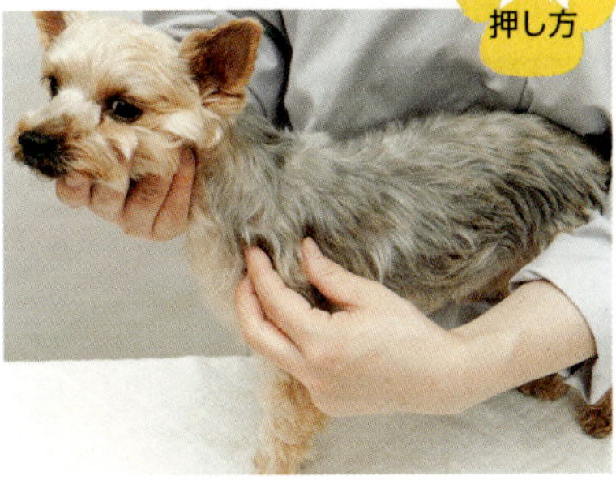

からだの異常

13

運動器の異常

首のこりがあるとき に押すツボ

使うツボ…… ① 手三里（てさんり）、② 風池（ふうち）、③ 頭の百会（あたまのひゃくえ）

人間の頭は両肩の上にしっかりと支えられていますが、ワンちゃんの頭は前に突き出ていて、人間のように肩で支えられていません。ワンちゃんの首の背中側には項靭帯という鉛筆１本くらいの太さの靭帯があり、首はこの靭帯で支えられています。そのため、この靭帯に負担がかかりやすく、首がこりやすくなります。

ツボ①

手三里(てさんり)

場所 前肢の肘から手首に向かって、ワンちゃんの指で３横指分（２寸）下にあります。左右前肢に各１穴。

効果 肘の上４横指分（３寸）ぐらいのところに手五里というツボがあります。手三里も手五里も首や肩、上腕の痛みやこりの主治をもっています。この２穴を合わせて用いることによって大きな効果を発揮します。このツボは精神的な疲れを解消させたり、手の疲れ、胃腸の疲れにも効果的です。

ツボの位置

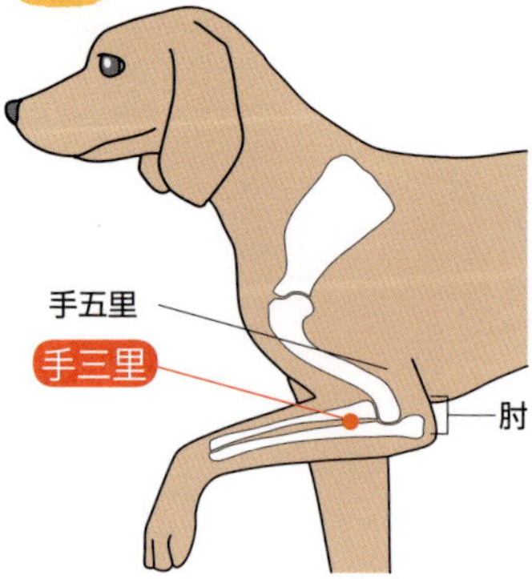

押し方　施術者の親指を用いて、1回5秒で20～30回押圧します。強く押すと痛みを感じるツボですので、様子をみながら軽く押します。

ツボの押し方

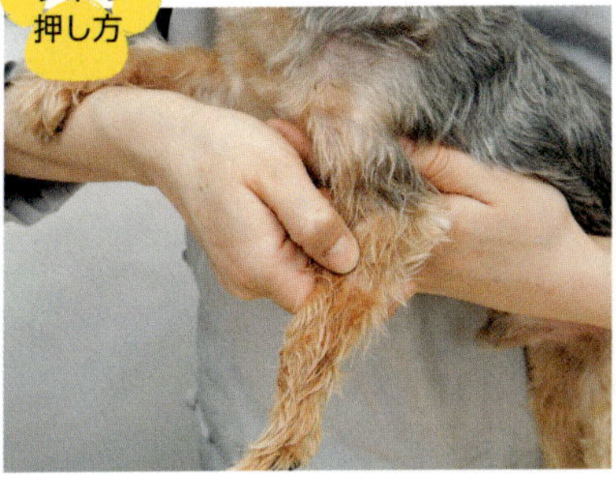

ツボ②

風池(ふうち)

場 所　耳の後方で、首の両脇のくぼみにあります。左右に各1穴。

効 果　風池の“池”は浅い陥凹を意味し、“風”は風邪を指します。“風の邪気がたまるところ”という意味があります。「12 肩こりのときに押すツボ」の項の“曲池”と同じように、風邪の初期に現れる首や肩の緊張による筋肉のこりをほぐします。風邪のひきはじめに現れる体表の熱をとる作用、風の邪気を去らせる作用があります。また、自律神経のバランスを調整する作用もあります。

ツボの位置

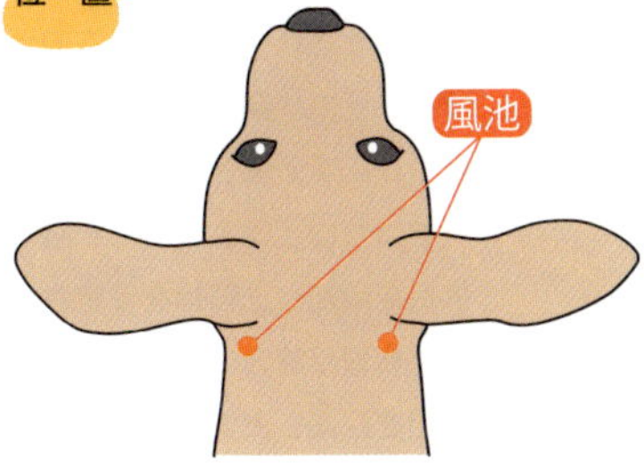

押し方 小型犬や中型犬は施術者の親指と人差し指で、大型犬は施術者の親指以外の４本の指で、20～30秒押圧しましょう。5～10回行います。この場所を温タオルで温めたり、温灸（棒灸、P69参照）をするのもたいへん効果的です。

ツボの押し方

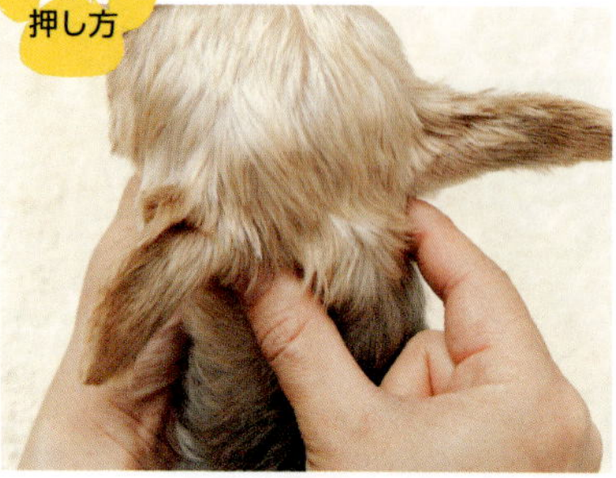

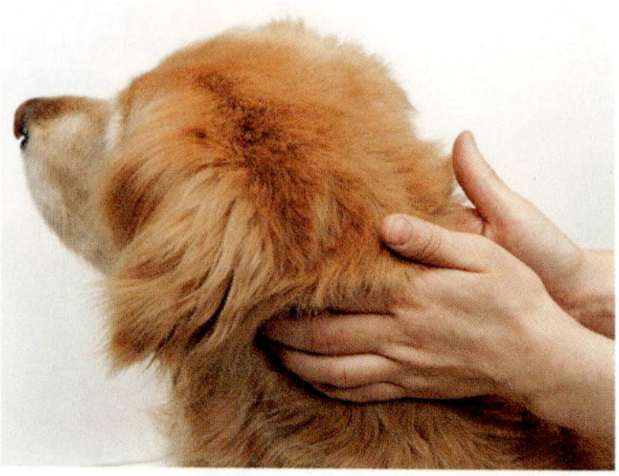

ツボ③

頭の百会（あたまのひゃくえ）

場 所 頭頂部の１番高い位置にあります。１穴。

効 果 頭の頂点にあり、すべての気が集まるところとされています。このツボには頭をスッキリ健やかにし、気持ちをおだやかにする働きがあります。気の流れをつかさどるとともに、脳への血液供給を増加し、精神を安定させて、不安感を取り除きます。また首にかかる負担を軽減します。

押し方 百会に、施術者の親指をあてて円を描くようにやさしく押圧します（ニーディング法）。１回30秒程度、ツボを温めるつもりで２～３回行ってください。

ツボの位置

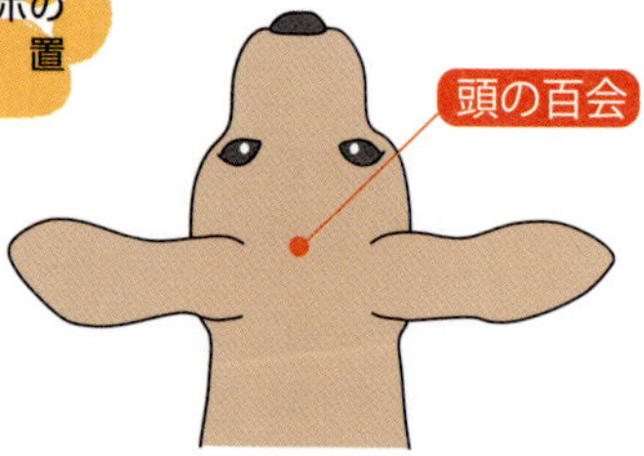

ツボの押し方

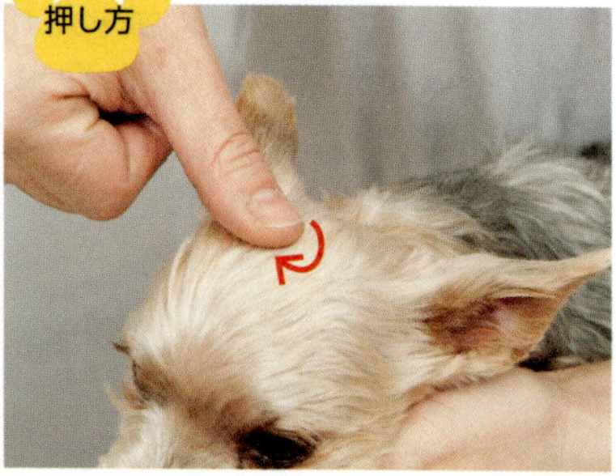

からだの異常 14

運動器の異常

前肢を痛がるときに押すツボ

使うツボ…… ① 曲沢（きょくたく）、② 太淵（たいえん）

ワンちゃんが1歩1歩歩くたびに頭を上下に動かすときは、前肢にトラブルがある可能性があります。後肢の動きばかりに目がいきがちですが、前肢のチェックも重要です。

ツボ①

曲沢（きょくたく）

場所 前肢の肘の裏側にある太い筋肉の内側にあります。左右前肢に各1穴。

効果 曲池の“曲”は“肘関節を曲げること”を表し、“池”はその部分の“くぼみ”を指します。このツボは前腕や肘の痛み、あるいは震え、こわばり、麻痺などに対する主治をもち、関節の動きを滑らかにしてくれます。また胃痛や嘔吐、そのほかに動悸や息切れなどにも用います。

ツボの位置

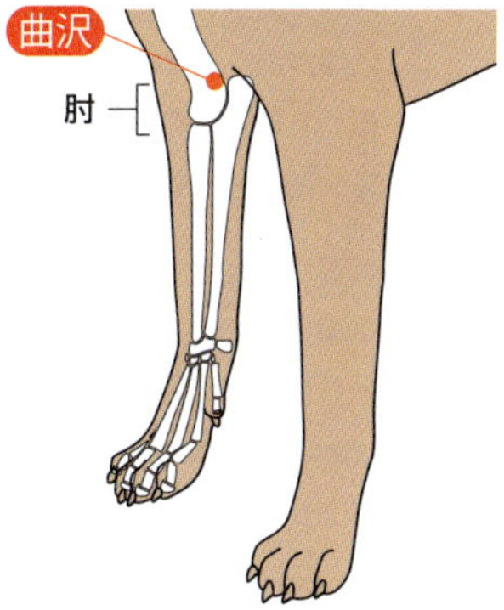

押し方　小型犬は綿棒で（コットン・スワブ法）、中型犬や大型犬は施術者の親指または人差し指で押圧します。1回5秒で20～30回行います。

ツボの押し方

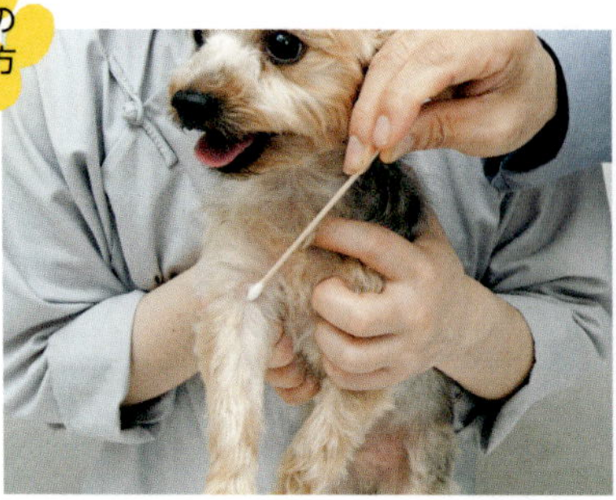

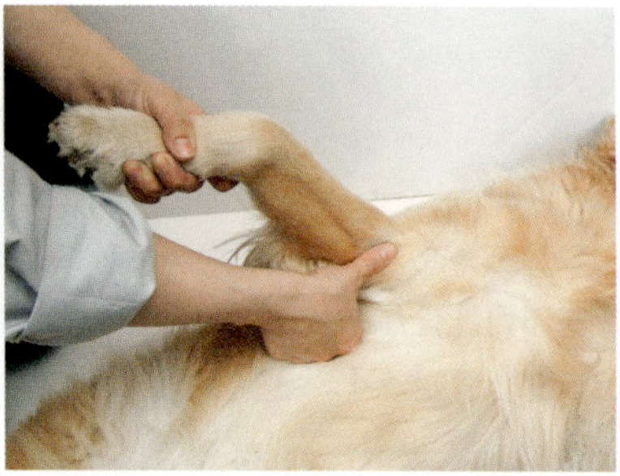

ツボ②

太淵（たいえん）

場所　前肢の手首上の親指側のくぼみにあります。左右前肢に各1穴。

効果　前肢のトラブルにはこのツボを使うと効果があります。特にこのツボは気を集める効果が高く、痛みや麻痺のほか、呼吸器疾患にも有効です。

押し方　手首の細いところにあるツボなので、小型犬は綿棒で軽く20～30回押圧しましょう（コットン・スワブ法）。
大型犬は親指で押圧します。1回5秒で20～30回行います。

ツボの位置

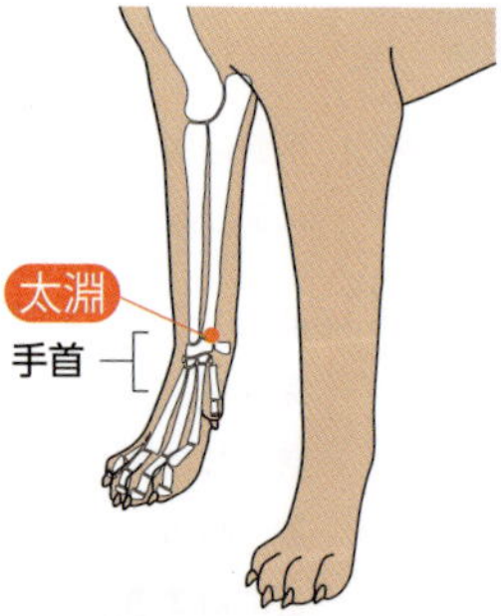

ツボの押し方

からだの異常 15

運動器の異常

後肢を痛がる ときに押すツボ

使うツボ…… ① 陽陵泉（ようりょうせん）、② 承扶（しょうふ）、③ 殷門（いんもん）、④ 承山（しょうざん）、⑤ 足三里（あしさんり）

ワンちゃんのトラブルで多いのは後肢のトラブルです。股関節形成不全、膝蓋骨脱臼、リウマチ様関節炎などは痛みが強いので、早めに発見して治療をしてあげることが必要です。また、日ごろからツボを押して、痛みを緩和してあげましょう。お散歩の疲れをとるのにもツボ押しは活用できます。

ツボ① 陽陵泉（ようりょうせん）

場 所　後肢の膝の外側にある骨の出っ張りの斜めすぐ前方のくぼみにあります。左右後肢に各1穴。

効 果　このツボは「筋の病に用いる」とされています。ここでいう“筋”とは“腱”も含んでいます。後肢の疲れやむくみ、筋肉痛を取るのに適しており、また痛みのため拘縮した関節を滑らかにします。

押し方　内側にある陰陵泉と一緒に左右から挟むようにもみもみと押圧します（ニーディング法）。20～30回行います。

ツボの位置

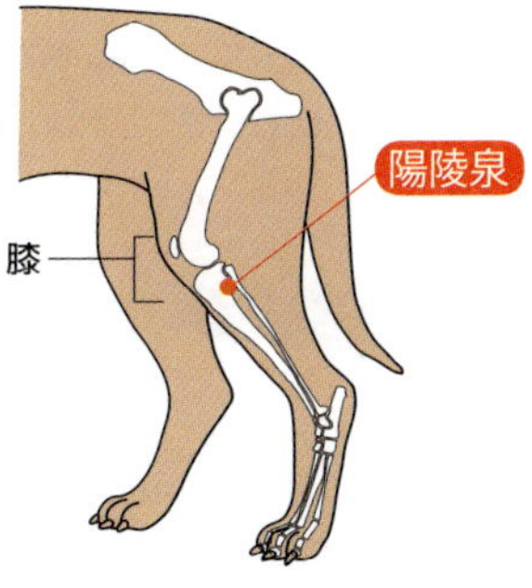

ツボの押し方

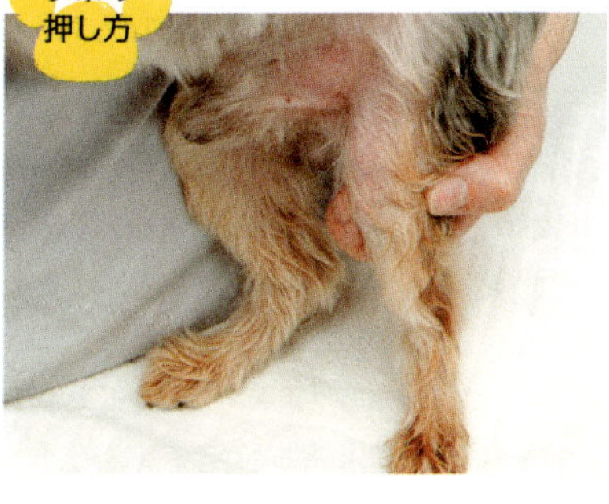

ツボ②

承扶(しょうふ)

場所　坐骨結節（肛門の両サイドにある骨盤の骨のでっぱったところ）の下にできるくぼみにあります。左右後肢に各1穴。

効果　深層部に坐骨神経幹があり、坐骨神経痛を引き起こしやすい部位です。その痛みは激烈でしばしば歩行困難を伴います。腰痛、大腿下腿など後肢全体の痛み、痺れ、違和感などに効果があります。また、下半身のダイエットにも利用できます。

押し方　施術者の親指をツボにあてて、残りの指全体で大腿を握るようにつかみ、3秒押して3秒離すように押圧します。いきなり強く押すとワンちゃんがびっくりするので、徐々に力を入れるように行ってください。5～10回行います。

ツボの位置

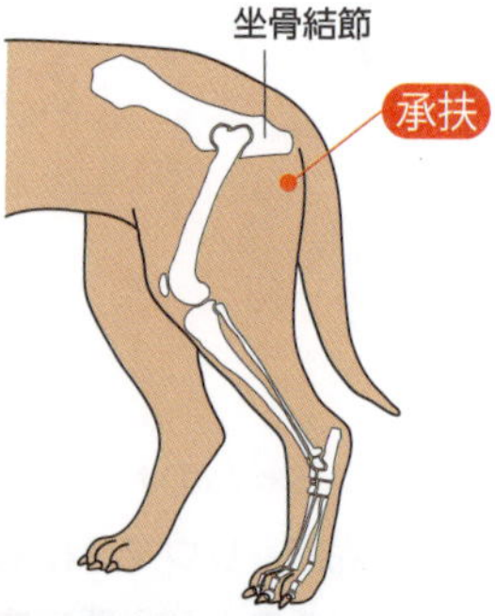

ツボの押し方

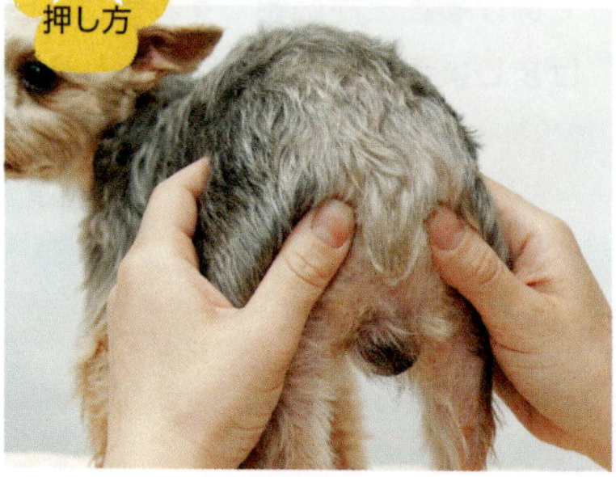

ツボ③

殿門(いんもん)

場所　承扶と膝関節を結んだ線上で、承扶から3分の1下の位置にあるくぼみにあります。左右後肢に各1穴。

効果　承扶と同じで深層に坐骨神経幹があり、坐骨神経痛を発症しやすい部位です。気と血の流れをよくして痛みのために拘縮した腰や大腿の動きをよくします。後肢のむくみや腫れを緩和する効果もあります。その他に坐骨神経痛にも効果が期待できます。

ツボの位置

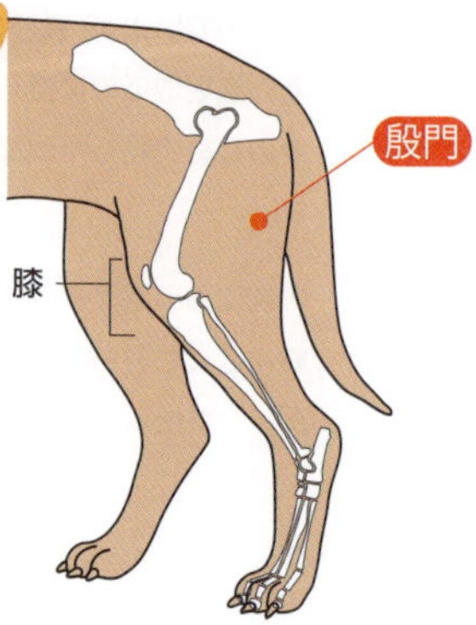

押し方 施術者の親指をツボにあてて、残りの指全体で大腿を握るようにつかみ、3秒押して3秒離すように押圧します。親指を前方に押すように押圧するとやりやすいです。

ツボ④
承山(しょうざん)

場所 後肢で、アキレス腱を上方にたどっていき、ふくらはぎと交わるところにあります。左右後肢に各1穴。

効果 腰から大腿、膝にかけて気の通りをよくする作用や、筋肉、関節をやわらげる作用があります。腰痛にも効果が期待できます。承扶、殷門と同じ効果があります。

押し方 足関節を手のひら全体で握り、親指でアキレス腱を先端から承山に向けてスライドするように押圧していきます(ストローク法)。強く押し過ぎてアキレス腱を傷めないように注意が必要です。20～30回行います。

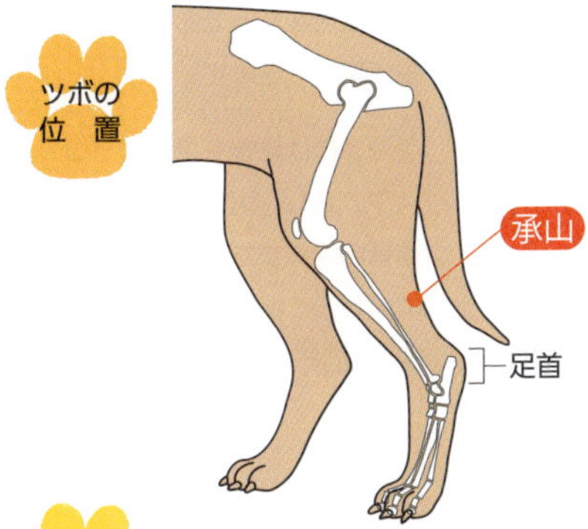

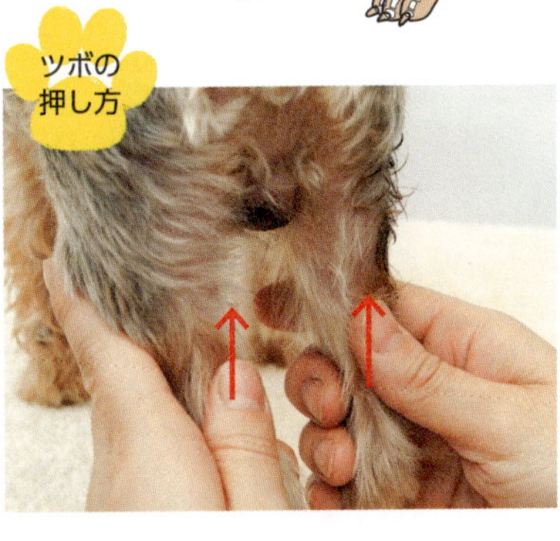

ツボ⑤

足三里(あしさんり)

場所　後肢の膝の外側にある骨の出っ張りの、斜め前下のくぼみにあります。左右後肢に各1穴。

効果　昔からこの足三里のツボは「肚腹《とふく》は三里に留《とど》むる」といわれ、腹部の症状には足の三里を用いるのがよい、とされてきました。これを裏付けるように、足三里に鍼をすると胃の蠕動運動が活発になる様子がエックス線の映像で確認されています。また鍼治療では後肢に異常がある場合、異常のある部位の近くにあるツボとともに選ばれるのが、この足三里のツボです。幅広い作用と主治をもっており、症状の改善効果が期待できます。

押し方　小型犬には綿棒を用いて（コットン・スワブ法）、中型犬や、大型犬では施術者の親指または人差し指で、内下方に向かって押圧します。1回5秒で20～30回行います。

ツボの位置

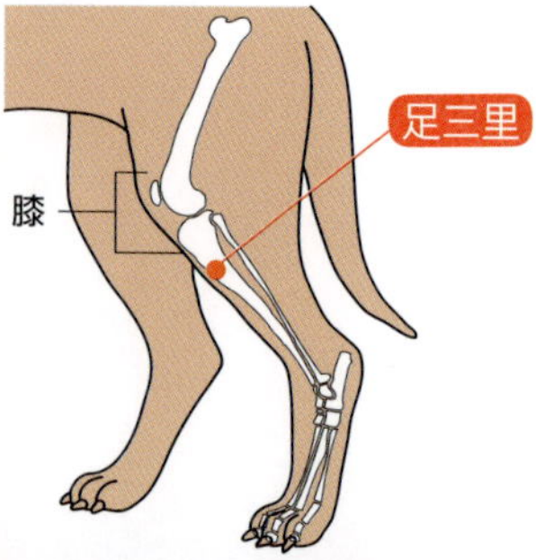

ツボの押し方

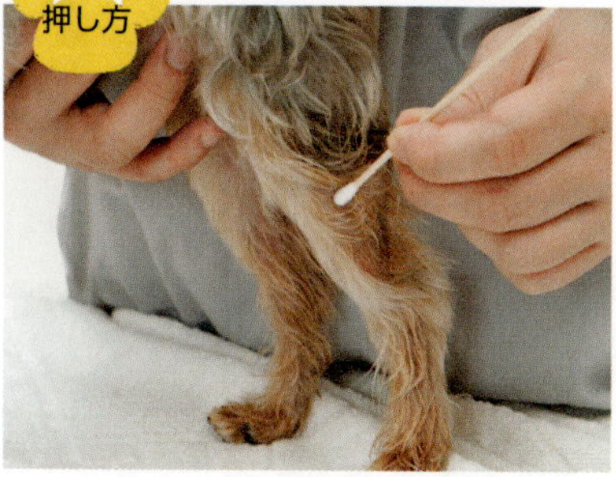

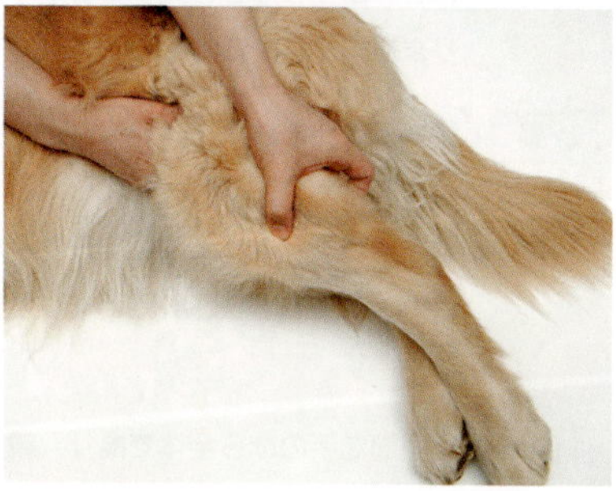

コラム④

肉球マッサージ

　前肢後肢の足裏の肉球をマッサージしましょう。足裏には元気になるツボ（湧泉、写真）、リラックスするツボ（労宮）など、ツボがたくさんあります。また指先にもツボがあります。肉球、肉球の付け根を揉むように、また押すようにマッサージしましょう。ただし、嫌がる場合は無理には行わないでください。

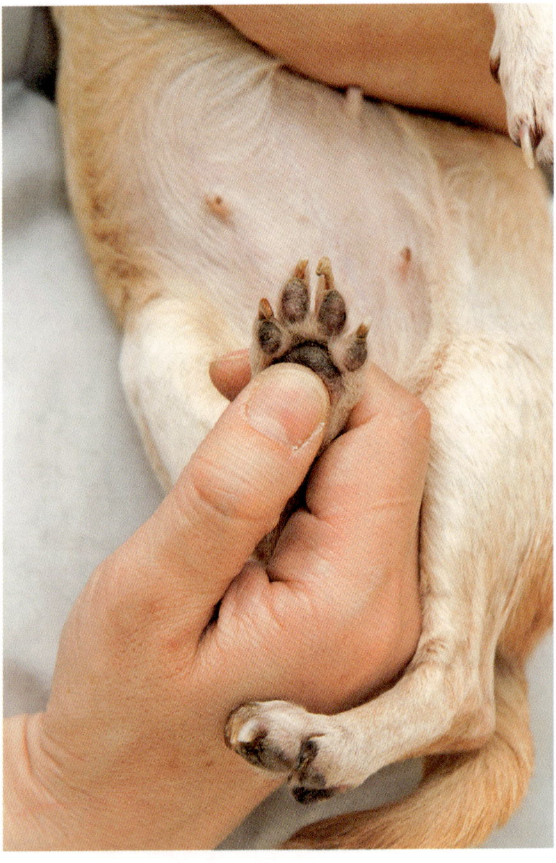

からだの異常 16

目・耳・口・皮膚の異常

目のトラブル時に押すツボ

使うツボ…… ① 糸竹空（しちくくう）、② 攅竹（さんちく）、③ 睛明（せいめい）、④ 承泣（しょうきゅう）、⑤ 瞳子髎（どうしりょう）、⑥ 四白（しはく）

なみだ目や結膜炎になりやすいワンちゃんは、日頃からツボ押しやマッサージを行うと予防にもなります。

ツボ①

糸竹空(しちくくう)

場所 眉毛の外端（眉尻）のくぼみにあります。左右に各1穴。

効果 “糸竹” は細い竹葉のことで、眉毛をイメージしています。“空” は “くぼんだところ” の意味。したがってこのツボは眉の外端のくぼんだところにあり、その形が糸竹に似ているところから名付けられたものです。眉頭にある攅竹というツボと向かい合っています。目も頭もスッキリさせる作用があり、眼病にすぐれた効果を発揮します。

押し方 施術者の親指を糸竹空にあて、押圧します。1回10～20秒で5～6回行います。

ツボの位置

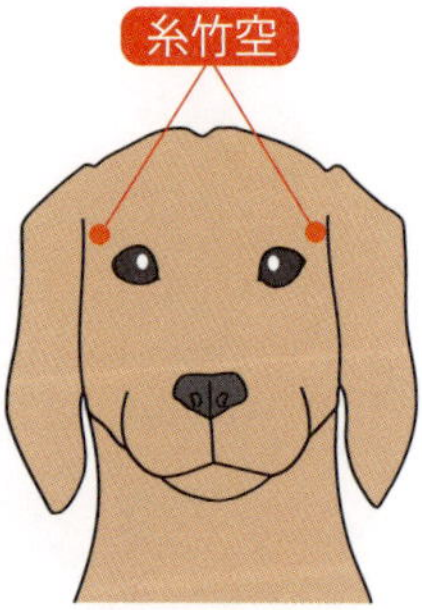

ツボの押し方

ツボ②
攢竹（さんちく）

場 所　人間でいう眉毛にあたる部分の１番目《め》頭《がしら》側の１点です。左右に各１穴。

効 果　眉頭にあるツボで、眉尻にある糸竹空と対になっています。目をスッキリさせる作用があります。主治も目の充血・腫脹、迎風流涙《げいふうりゅうるい》、眼瞼《がんけん》痙攣、結膜の炎症など目のトラブルには強い味方です。

押し方　施術者の親指を攢竹にあて、押圧します。１回10～20秒で５～６回行います。さらに外側の糸竹空のツボに向けてストロークします（ストローク法）。20～30回行います。

ツボの位置

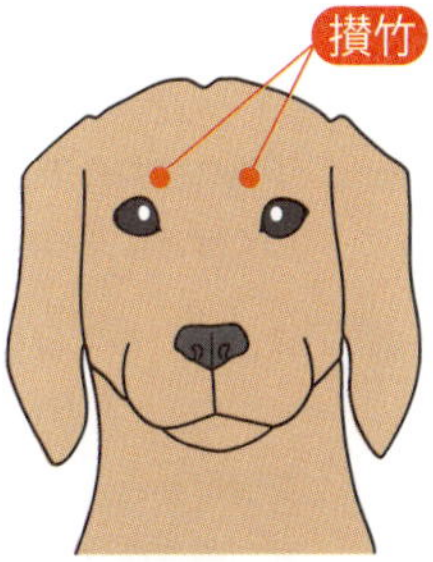

ツボの押し方

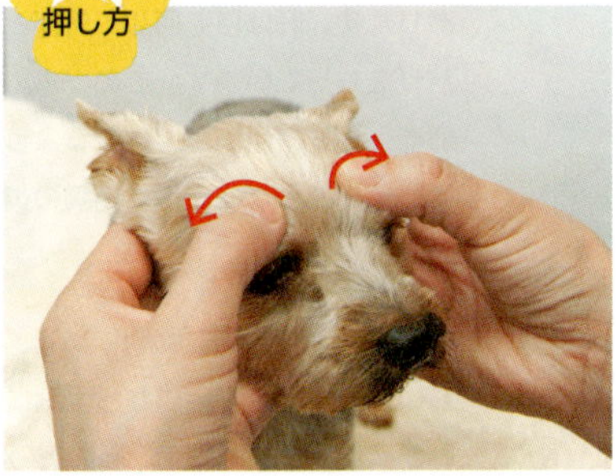

ツボ③
睛明（せいめい）

場 所　目頭の少し上のくぼみにあります。左右に各１穴。

効 果　睛明の“睛”は目のこと。“明”は“光明”を指します。このツボは視力をハッキリさせる効果があるところから名付けられました。主治は目の充血・腫脹、風にあたると涙が出る迎風流涙《げいふうりゅうるい》、夜盲症、色盲などすべて目の疾患です。広い範囲の眼病に効果があります。

押し方　人指し指を睛明にあて、次に紹介する承泣、瞳子髎に向けてストロークします（ストローク法）。目頭から目尻に向かって、下側をストロークしましょう。20～30回行います。

ツボの位置

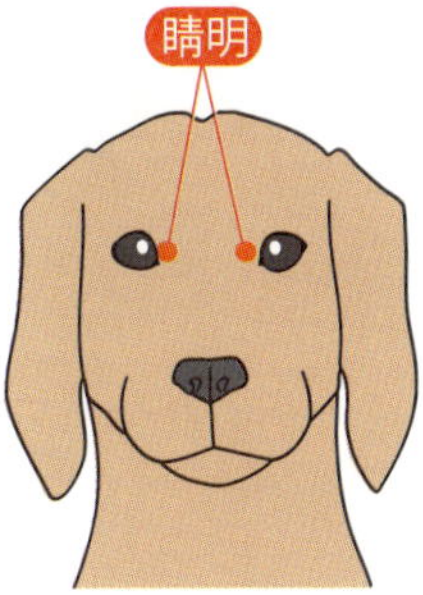

ツボの押し方

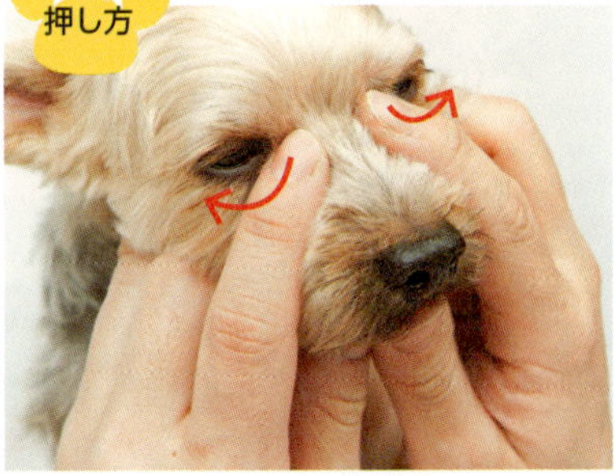

ツボ④

承泣(しょうきゅう)

場所　下瞼の中点の下、眼球と眼窩下縁の間のくぼみにあります。左右に各1穴。

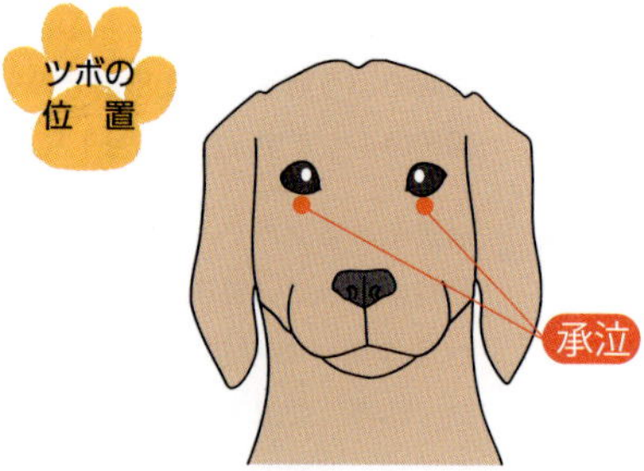

効果　承泣の“承”は受け継ぐ、“泣”は泣く。“泣くと涙がここから落ち、それを受けるところ”という意味があります。東洋医学では目は肝と親和関係にあります。肝は目を通じて外部とつながりをもっています。このツボには肝邪を遠ざけ、目がよく見えるようにする作用があります。目、結膜の炎症を改善します。

押し方　施術者の人差し指を睛明にあて、承泣と次に紹介する瞳子髎に向けてストロークします(ストローク法)。目頭から目尻に向かって下側をストロークしましょう。20～30回行います。目の縁なので、施術者の指が目の中に入らないよう注意してください。

ツボ⑤

瞳子膠(どうしりょう)

ツボの位置

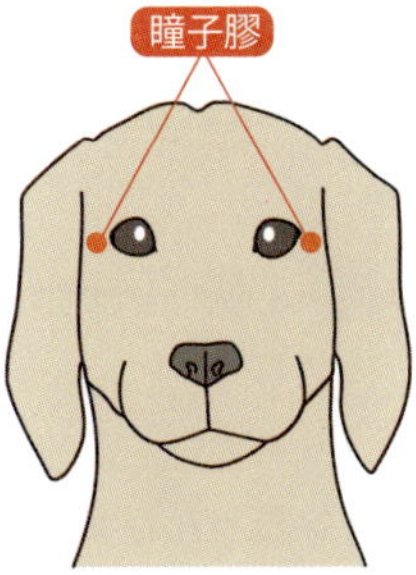

場 所 目尻のくぼみにあります。左右に各1穴。

効 果 瞳子髎の“瞳子”は“瞳”のこと。“髎”は骨の出っ張り部分。目の横の骨の出っ張り部分にあるツボという意味があります。目の周りは筋肉がほとんどなく直接骨にあたります。その分刺激量は大きく、目のトラブルには有効な働きが期待できます。

押し方 施術者の人差し指を睛明にあて、承泣、瞳子膠に向けてストロークします(ストローク法)。目頭から目尻に向かって、下側をストロークしましょう。20～30回行います。

ツボの押し方

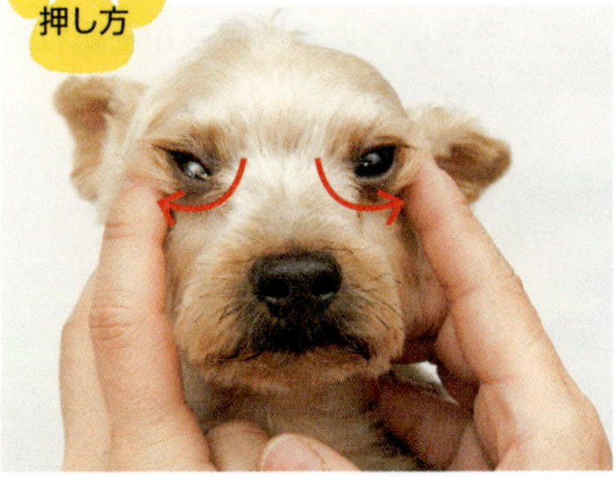

ツボ⑥

四白(しはく)

ツボの位置

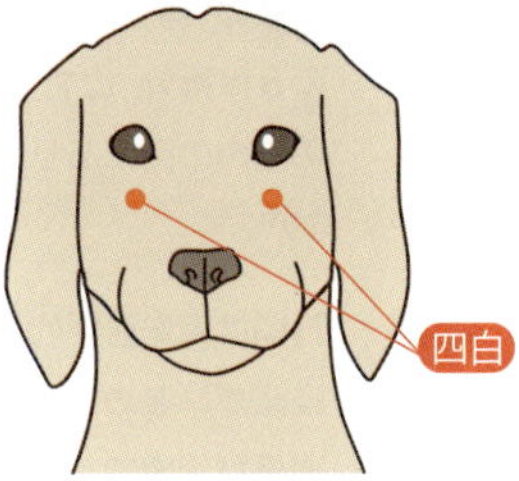

場 所 承泣の下方、骨のくぼみのところにあります。左右に各1穴。

効 果 四白の“四”は“広々とした”という意味。“白”は“光”。四白の本意は“広くものを見ることができる”です。目の下にあり、目の充血、目に霞がかかる、目が痒いなどといった症状を改善し、視力を回復させる効果があります。

押し方 施術者の親指で押圧します。1回10～20秒で5～6回行います。強く押しすぎないようにしましょう。

ツボの押し方

からだの異常
17

目・耳・口・皮膚の異常

耳が痒いときに押すツボ

使うツボ…… ① 外関（がいかん）、② 耳尖（じせん）

ワンちゃんが病院に来院する疾病のベスト5にランクインしているほど耳の疾患は多い症例です。耳炎を起こしてしまうと患部に触るのはなかなか困難です。そういう場合は患部から離れた場所のツボを刺激します。

ツボ①
外関（がいかん）

場 所　前肢の外側。手首からワンちゃんの指で3横指分（2寸）上の位置で、左右の筋肉の間にあります。左右前肢に各1穴。

効 果　外関は東洋医学的にこのツボが属する経絡が耳をめぐっているため、耳との関係が親密で、耳の熱をとることで掻痒感を鎮めます。
このツボの裏側の同位置に内関というツボがあります。併せて使うと効果的です。

押し方　施術者はワンちゃんの手首を保持するように持ち、親指と人差し指で外関と内関を挟むようにもみもみと5～10回押圧しましょう（ニーディング法）。

ツボの位置

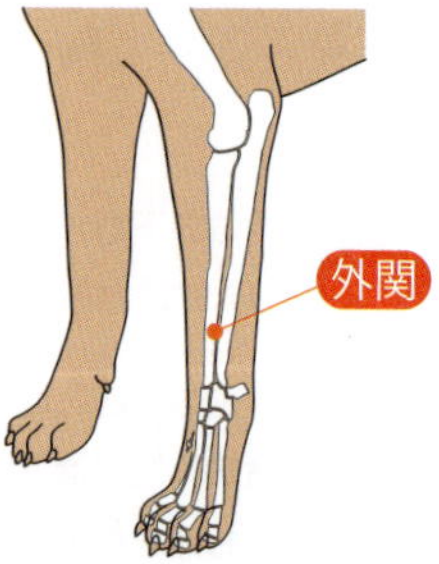

ツボの押し方

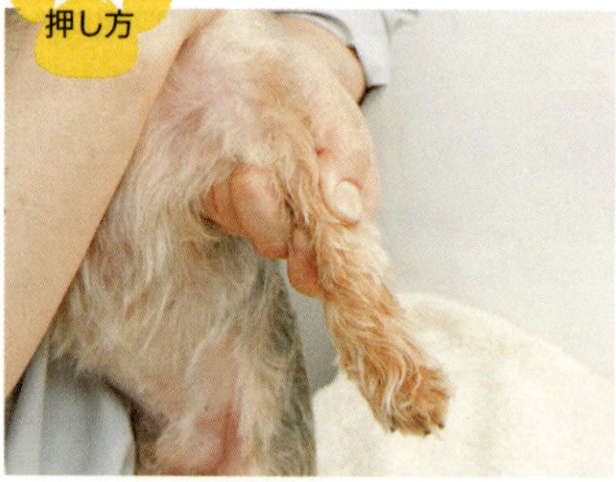

ツボ②

耳尖(じせん)

場所 両耳の先端。耳たぶとくぼみの境目にあります。左右に各1穴。

効果 このツボは“奇穴”といって、特に奇功を奏するツボという意味があります。耳には奇穴が集中しています。各種ホルモンによって起こる疾患に効くツボ、乱視、近視、緑内障等の眼病に効果があるツボ、全身を元気にするツボ、腰の不快感をとるツボ、ストレスを緩和するツボなどがあります。耳尖は熱を冷ます消炎作用や耳の炎症を抑えて痒みをとるほかに、止痛作用もあります。

押し方 耳の内側の付け根に親指をあて、耳の先端の耳尖に向かって指を滑らせます(ストローク法)。10～20回行います。

ツボの位置

ツボの押し方

からだの異常

18

目・耳・口・皮膚の異常

口臭がとれる ツボ

使うツボ…… ① 女膝（じょしつ）、② 下関（げかん）、③ 合谷（ごうこく）

ワンちゃんの口臭の原因は大きく分けて２つあります。ひとつは歯周病によるもの、もうひとつは胃腸に問題がある場合です。最近の調査では、３歳以上のワンちゃんの実に８割以上が歯周病を患っているといわれています。また、お腹の中の善玉菌が減少してくると、血液中に吸収された腐敗臭が出てきます。

ツボ① 女膝(じょしつ)

場 所 後肢のかかとの真ん中にあります。左右後肢に各１穴。

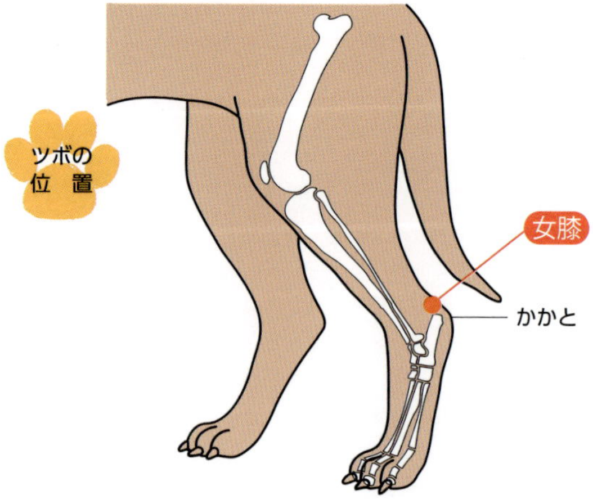

効 果 人間の場合、このツボは歯槽膿漏の特効穴といわれ、江戸時代から民間療法として用いられてきました。中国でもこのツボの主治に歯槽膿漏が挙げられています。比較的強い刺激が要求されるので、ワンちゃんの場合はツボ押しのほかに棒灸（P69参照）による温灸をしてあげても効果的です。温灸は直接皮膚を焼くのではなく、点火した棒灸等を皮膚に近づけ、温めるものです。歯槽膿漏があっても継続的に温灸をすることによって、しだいに歯肉が硬くしっかりしてきます。歯槽膿漏の症状が改善されることにより口臭も改善されます。

押し方 左右後肢のツボを施術者の親指の先端を使って静かに1回5秒で約20回を目途に押圧します。お灸の場合は棒灸を使った温灸が効果的です。温かく感じたら離すことを繰り返し、10回を目安に行います。

ツボの押し方

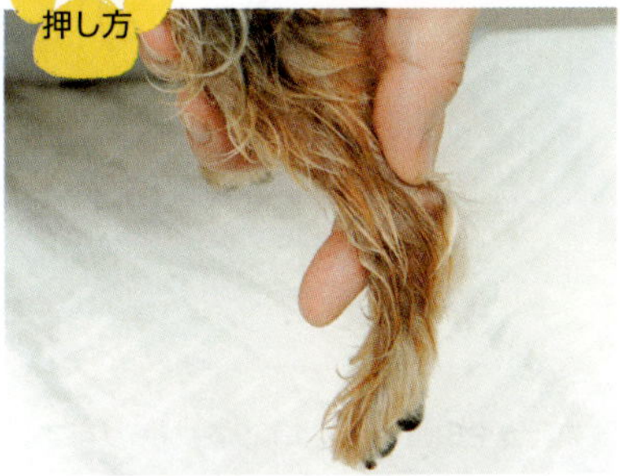

ツボ②
下関（げかん）

場 所　ワンちゃんの口角（唇の付け根）の後方で、咬筋の前方のくぼみにあります。左右口角に各1穴。

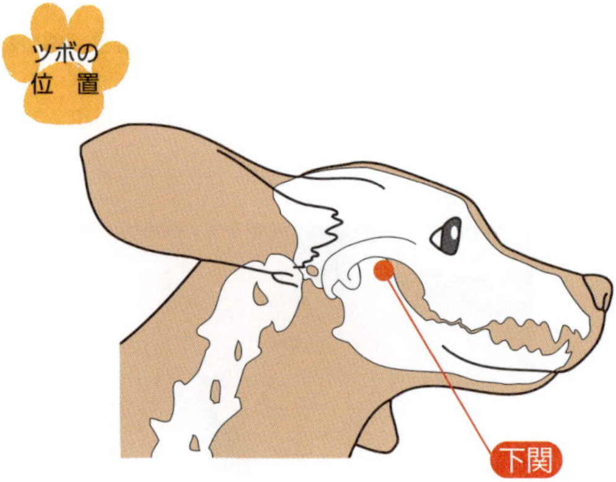

効 果　歯周病による歯茎の痛みや虫歯、口内炎に効果があります。顔の筋肉を和らげてくれるので、リラックス効果も期待できます。針麻酔でも使用されるツボです。体内の熱を取り除く作用があります。

押し方　ツボに施術者の人差し指をあてて、ゆっくりと奥深くに押圧します。ワンちゃんの顔が動かないようにして1回20～30秒で5～6回押圧することがポイントです。

ツボ③

合谷(ごうこく)

場 所　前肢の親指と人差し指の付け根にあるくぼみにあります。左右前肢に各1穴。

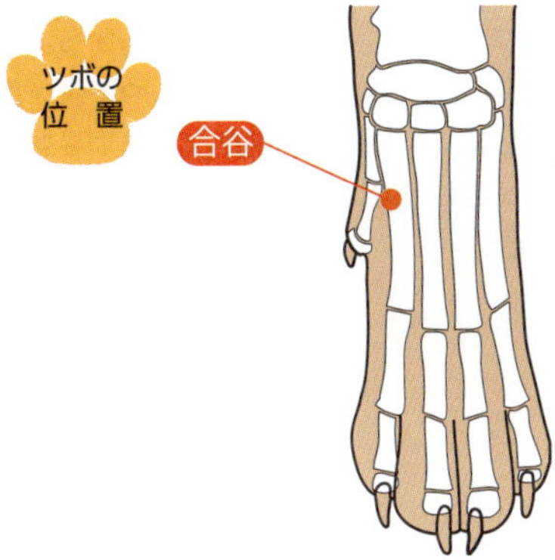

効 果　胃や大腸の働きが弱って食べ物が停滞した状態になると、その腐酸臭が口まで上がって口臭、ゲップ、さらに食欲不振や膨満感も引き起こします。合谷は消化機能をつかさどっており、胃や大腸の状態を改善する働きがあります。腸の長さは人間の場合、約10メートル、身長の約5倍といわれています。動物は種類によって大きく異なります。身長との割合では、犬が6倍、牛が22倍、馬が10倍、猫が4倍、羊が25倍といわれています。食べたものが停滞しないようひたすら消化させることがこのツボの役割です。

押し方　小型犬は綿棒を用いて、中型犬、大型犬では施術者の親指または人差し指で、内上方に向かって1回3秒で10～20回押圧します。

からだの異常 19

目・耳・口・皮膚の異常

よだれを少なくする ツボ

使うツボ…… ① 頬車（きょうしゃ）、② 内関（ないかん）

汗腺があまり発達していないワンちゃんは、暑い時には口からよだれをたらし水分の量や体温を調整しています。特に鼻先の短いワンちゃんや下唇が垂れているワンちゃんは普段からよくよだれを流します。しかし、健康なときよりもよだれが多かったり、泡状のよだれが出たり、血が混じっているときは重大な病気やケガをしていると考えられます。また中毒や乗り物酔いになったときにもよだれがたくさん出ます。

ツボ①

頬車(きょうしゃ)

場 所　顔面部で、下顎のエラの角からワンちゃんの指で1横指分（1寸）、前上方のくぼみにあります。左右に各1穴。

効果　東洋医学では涙《なみだ》、汗《あせ》、涎《よだれ》、涕《はなみず》、唾《つば》を五液といいます。このツボには五液の出を調節する作用があります。
このツボの下には耳下腺があるので、耳下腺炎を和らげ、よだれを減らします。また、歯痛、顔面神経麻痺、三叉神経痛、口内炎などにも効果があります。

押し方　施術者の両方の親指をツボにあてて、“の” の字を描くように20～30回マッサージします（ニーディング法）。すぐ下に耳下腺があるので、あまり強く押さないように注意してください。

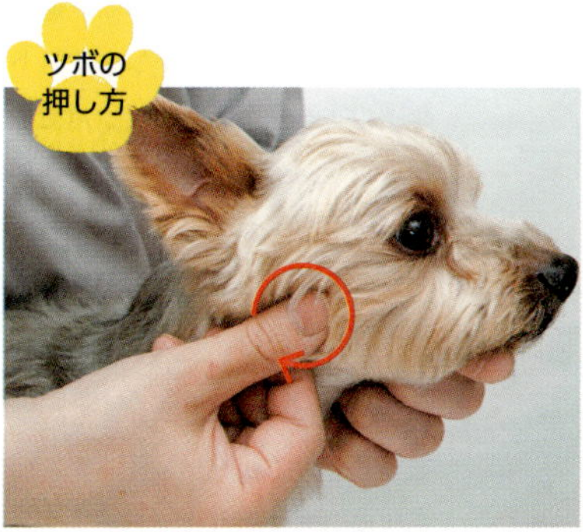

ツボ②

内関（ないかん）

場所　前肢の内側。手首からワンちゃんの指で3横指分（2寸）上の位置で、前肢の左右の筋肉の間にあります。左右前肢に各1穴。

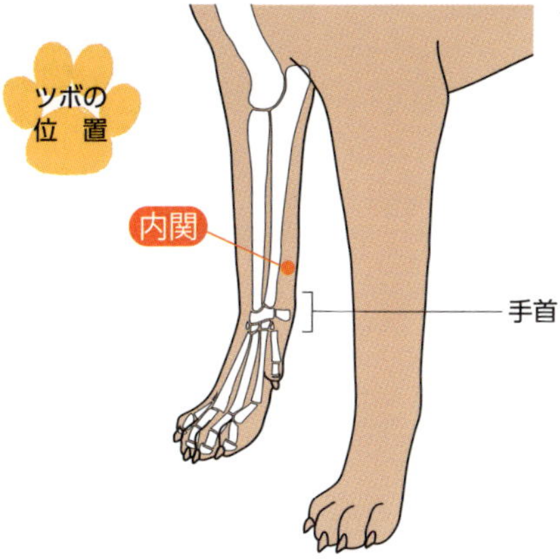

効果

内関の“内”は前肢の内側を意味し、外側にある外関と対比させたものです。“関”は手関節の近くにあるツボであることを表しています。外側にある外関と内側のこのツボを一緒に使うと効果的です。ヒステリーやストレスを緩和する作用をもったツボです。心の平穏を保ち、心拍を整える作用があり、よだれの分泌も抑制します。また、乗り物酔いによる吐気にも効果を発揮します。

押し方

前肢の外側の外関に向かって内関を20～30秒押圧します。綿棒を使って押してもいいでしょう（コットン・スワブ法）。内関と外関を両側から挟むようにもみもみと押圧してもかまいません（ニーディング法）。左右前肢を20～30回押圧します。

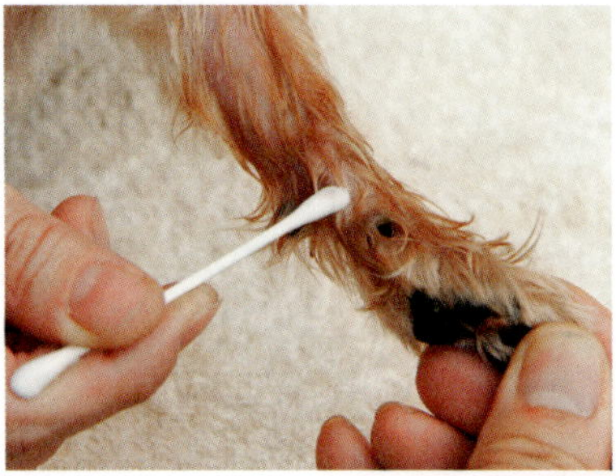

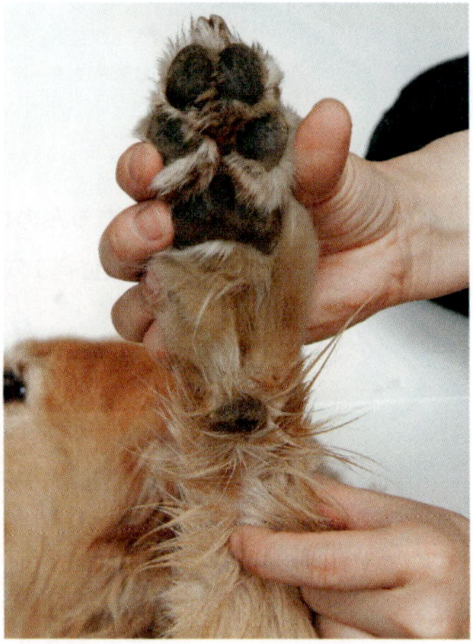

からだの異常 20

目・耳・口・皮膚の異常

皮膚が痒いときに押すツボ

使うツボ…… ① 血海（けっかい）、② 養老（ようろう）

皮膚のかゆみの原因には細菌、真菌、寄生虫、昆虫などの感染症やアレルギーなどさまざまです。かゆみ止め効果のあるツボを押して症状をやわらげましょう。

ツボ①

血海（けっかい）

場 所　後肢の膝の内側上方のくぼみにあります。左右前肢に各1穴。

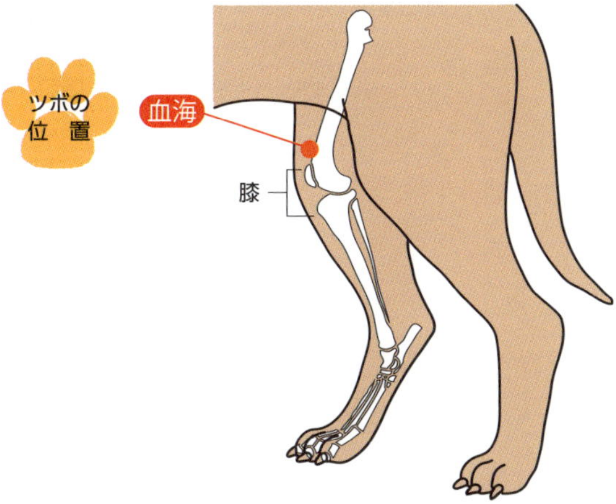

効果 血海は“血の集まるところ”という意味があります。“血《けつ》”は東洋医学の呼び名で、西洋医学では“血液”です。この血液は“動物の体内をめぐる主要な体液で、全身の細胞に栄養分や酸素を運搬したり二酸化炭素や老廃物を運び出すための媒体”ですが、東洋医学では“血は飲食物からつくられ、脈中を流れる赤色の液状物で、生命エネルギーである目に見えない気とともに重要なもの”と解釈されています。この血が集まる部位がこのツボです。皮膚の乾燥と湿気をとり、血液循環をよくし、皮膚の炎症を抑えることで掻痒感を鎮めます。

押し方 施術者の親指と人差し指で挟むように5～10回押圧しましょう（ニーディング法）。あまり強く押してはいけません。

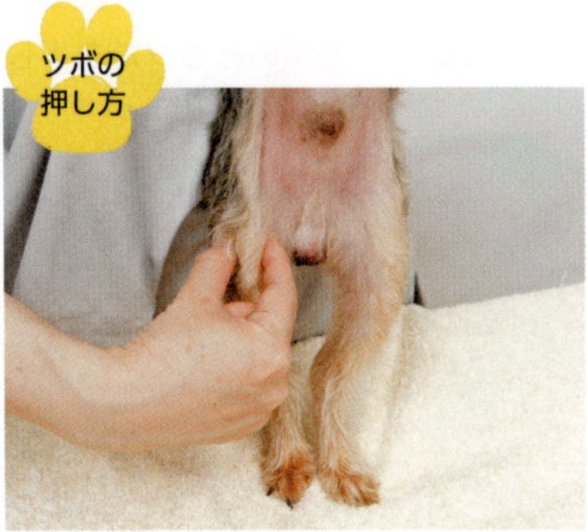

ツボ②

養老(ようろう)

場 所　前肢の手首の外側の出っ張った骨の上方のくぼみにあります。左右前肢に各1穴。

ツボの位置

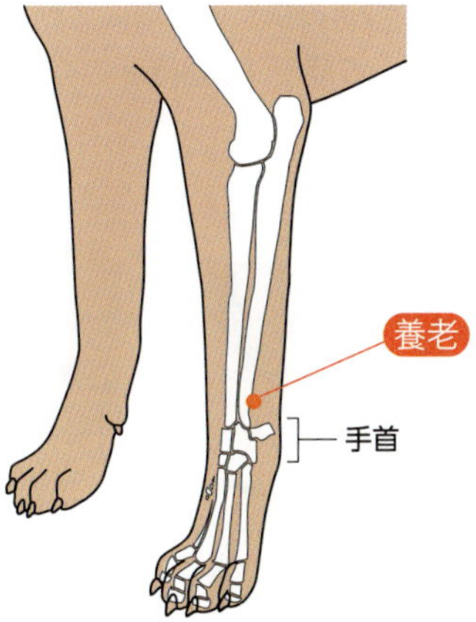

効 果　養老は老いを養うツボで、加齢特有のさまざまな現象、たとえばものがよく見えない、目のかすみ、足腰の痛み、起座困難、動作困難などに用います。特に加齢による皮膚の痒みである老犬性瘙痒症に試したいツボです。皮膚の自己回復力を高めます。

押し方　施術者はワンちゃんの手首を保持して親指で、1回5秒で5～10回押圧しましょう。

ツボの押し方

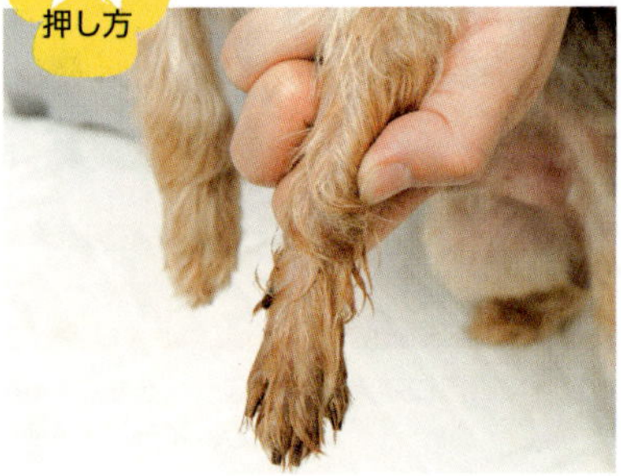

column
ワンちゃん
簡単マッサージ

コラム⑤

全身壮快！
皮膚ひっぱりマッサージ

皮膚ひっぱりマッサージは、体に力や負荷をかけることなく行え、頬、背中、胸、脇腹、足など、皮膚をひっぱれるところならどこでも有効です。爪をたてないように、脇の下などのつまみにくい皮膚は２～３本の指で、背中や両頬は５本の指でひっぱりましょう。５回～10回行ってください。

①

背中をひっぱる－免疫力のアップや足腰の強化に効果的

②

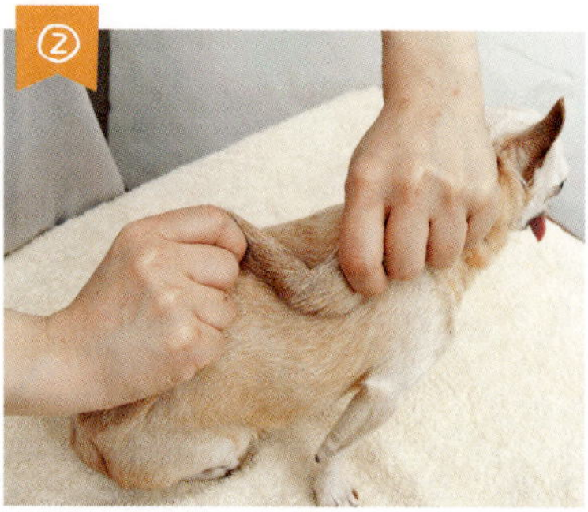

背中をひっぱる－皮膚病に効果的。背中の皮膚を交互にねじるとより効果的

③

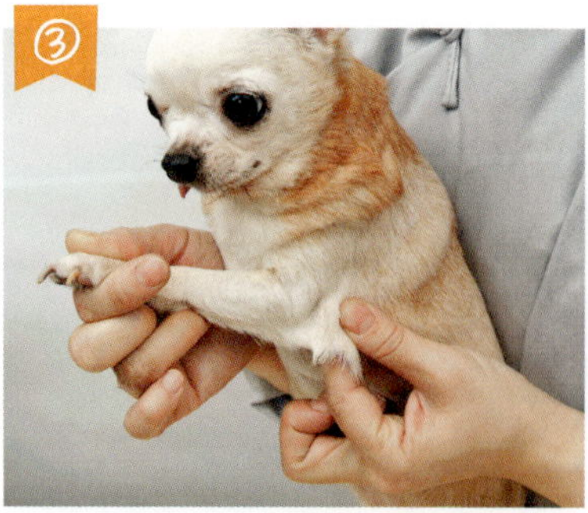

肘の後ろをひっぱる－肩こりや疲れ目に効果的

④

ほっぺを左右や後ろにひっぱる－緊張をほぐし、イライラを取り除くのに効果的

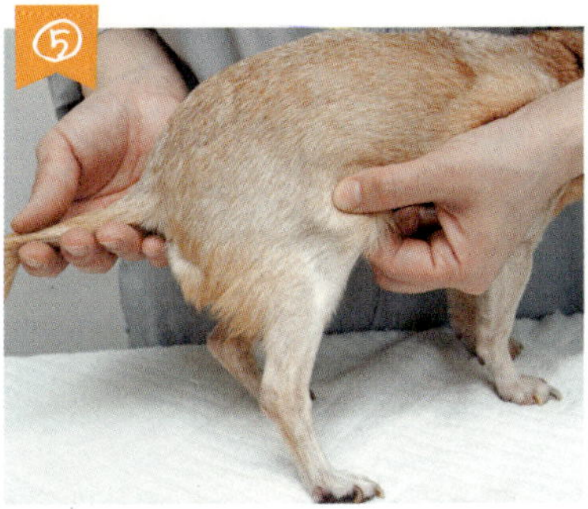

後肢の付け根をひっぱる－ダイエットに効果的

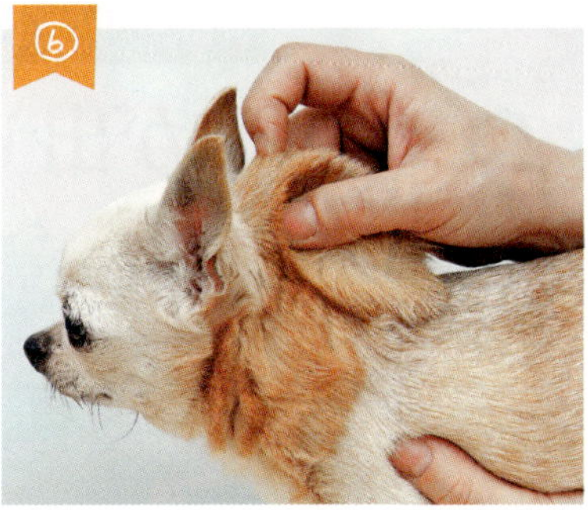

首の付け根をひっぱる－風邪の予防、咳や発熱などの緩和に効果的

顎の下をひっぱる－風邪の予防と緩和に効果的

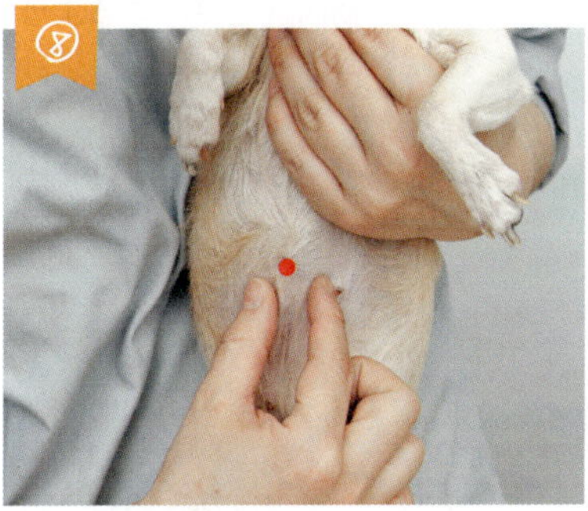

おへそ（写真の赤●）の周りをひっぱる－下痢や便秘の緩和に効果的

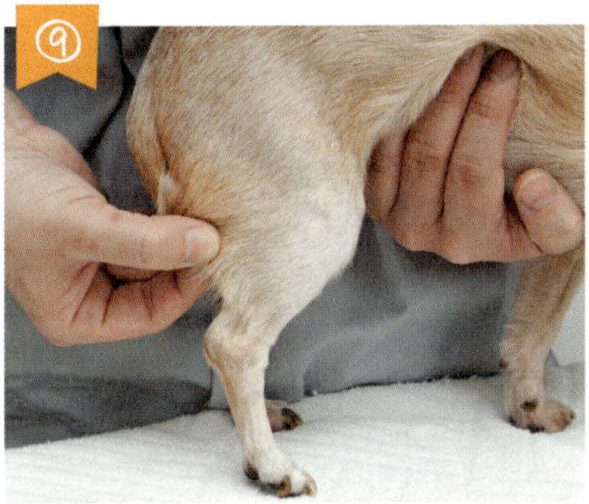

膝の裏をひっぱる－足腰の強化、腰痛の緩和に効果的

からだの異常

21

呼吸器の異常

咳が出やすい子のためのツボ

使うツボ…… ① 膻中（だんちゅう）、② 兪府（ゆふ）、③ 天突（てんとつ）、④ 豊隆（ほうりゅう）、⑤ 孔最（こうさい）

咳は、ワンちゃんばかりではなく飼い主にも肉体的、精神的に大きな負担をもたらします。また風邪ばかりでなく、心臓病でもよく認められます。ワンちゃんの心臓病は、8歳以上の小型犬で特に多く認められますので、咳が続く場合は、必ず動物病院を受診するようにしましょう。

ツボ①

膻中(だんちゅう)

場 所　胸骨（喉の下のくぼみからみぞおちまでの骨）の下から4分の1の位置にあります。1穴。

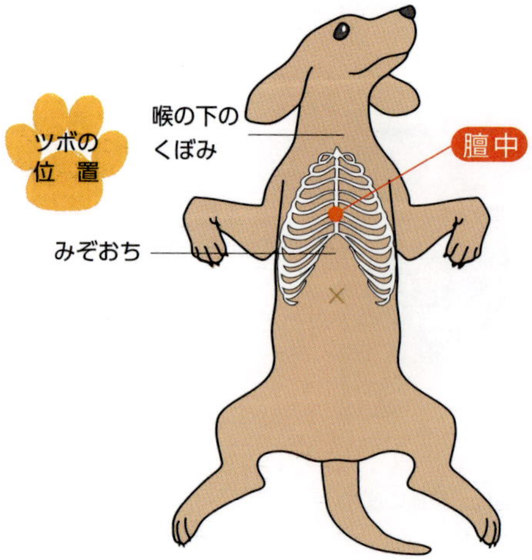

効 果 不安感、胸の痛みや胸苦しさ、イライラなどは咳や痰の出を倍加させます。このツボには胸を広げて呼吸を楽にし、非生理的な水分である痰を抑える作用があります。したがって息切れ、咳、喉の痛みを軽減します。また、環境の変化によるストレスを緩和します。

押し方 1、2、3と少しずつ加圧して、そのまま3秒間力を保持し、その後3秒間かけて徐々に力を抜いていきます（スタンダード法）。これを20～30回繰り返します。ワンちゃんによっては反応が違いますので、様子を見ながら調整してください。

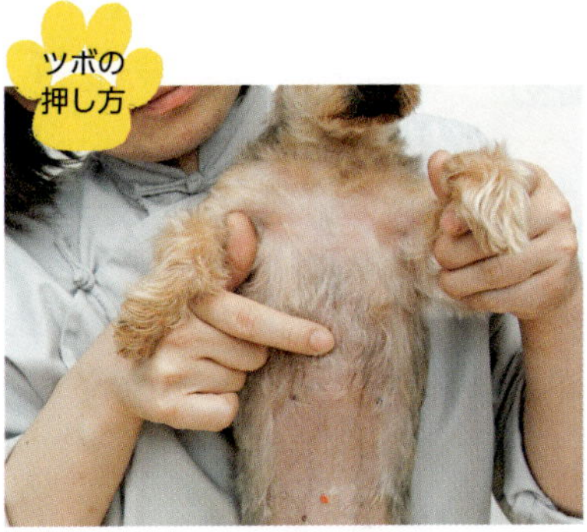

ツボ②

兪府(ゆふ)

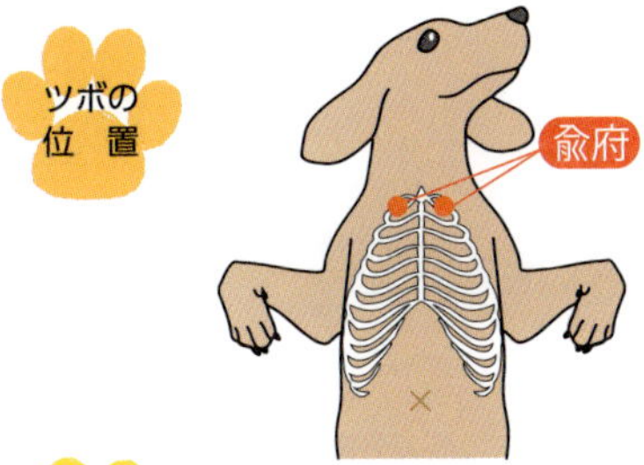

場 所 胸骨の1番上にあり、正中線よりワンちゃんの指で3横指分（2寸）外側にあります。左右各1穴。

効 果 気の流れをよくし、激しい咳や喘息を抑える働きがあります。胸の痛みや心臓病、喘息などに効果があります。

押し方 左右のツボに親指と人差し指をあてて、後方に向かってゆっくりと押圧します。1回2秒で5～10回行います。

ツボ③

天突(てんとつ)

ツボの位置

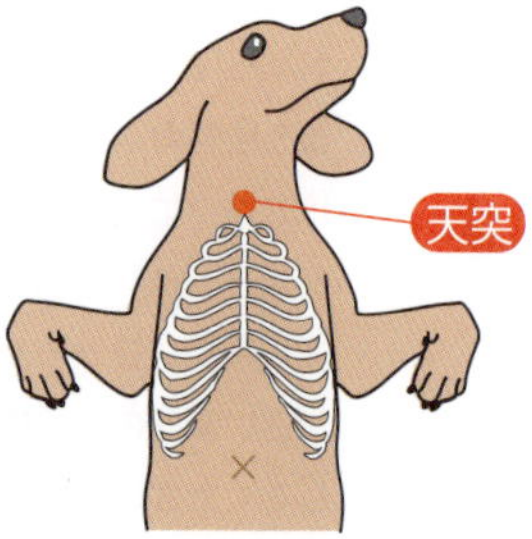

場所　胸骨の頭側にあるくぼみにあります。1穴。

効果　肺気を胸から上に広げ、咳を止める作用、肺気が上に広がらず痰に変化するのを防ぐ作用、咽喉の乾燥を抑える作用があります。咽喉が乾燥したり、いがらっぽいときに呼吸を整え、痰を抑えます。

押し方　施術者の人差し指で、くぼみから後方に向かって軽く押します。1回1～2秒で5～10回行います。決して喉に向かって押さないようにしてください。

ツボの押し方

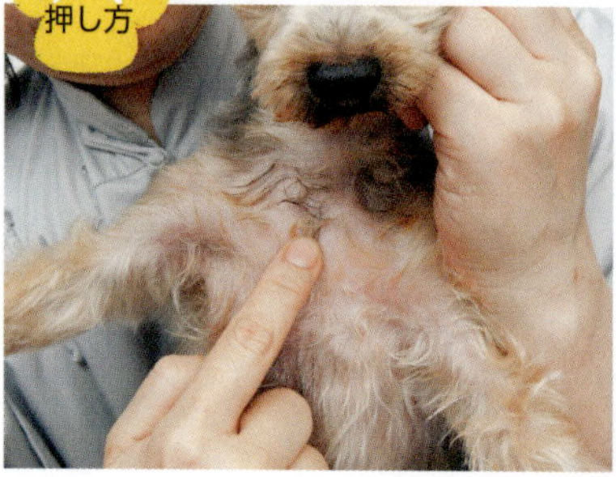

ツボ④

豊隆(ほうりゅう)

ツボの位置

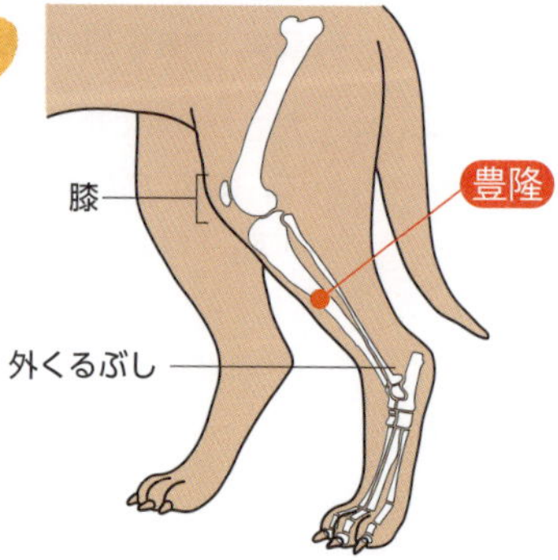

場所　後肢の外側。膝関節と内くるぶしを結んだ1/2のところで、すねの骨の外側。左右後肢に各1穴。

効果　中国では雷のことを“豊隆”といいます。つまり“がらがら”“ごろごろ”。このツボは咳を鎮め、痰を取り去る効果があります。また非生理的な産物である濁った痰を生理的なものに変化させる作用をもっています。

押し方　施術者の親指または人差し指で内側に向かって１回３秒で軽く押します。押しにくい場合は、外側と内側から挟むように押してください（ニーディング法）。20 ～ 30回行います。

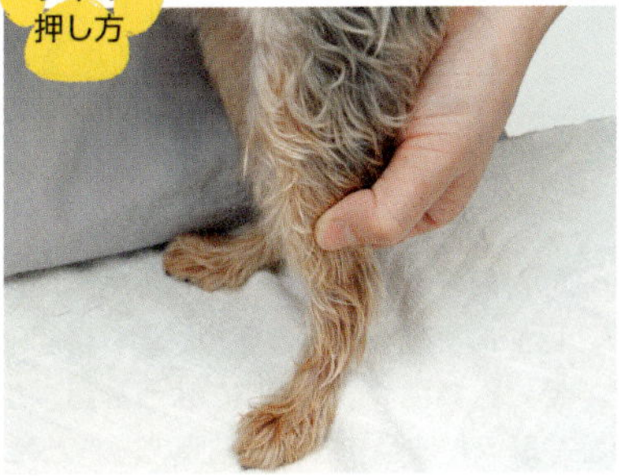

ツボ⑤

孔最（こうさい）

場所　前肢の肘関節からワンちゃんの指で４横指分（３寸）下の親指側にあります。左右前肢に各１穴。

効果　このツボは咳や喘息の特効穴といわれています。肺気の流れをよくし肺に潤いを与える作用があり、激しい咳き込みを和らげる効果があります。

押し方　施術者の親指の腹で、軽く押圧します。強く押すと痛がる場所なので注意しながら押しましょう。１回１～２秒で20 ～ 30回行います。

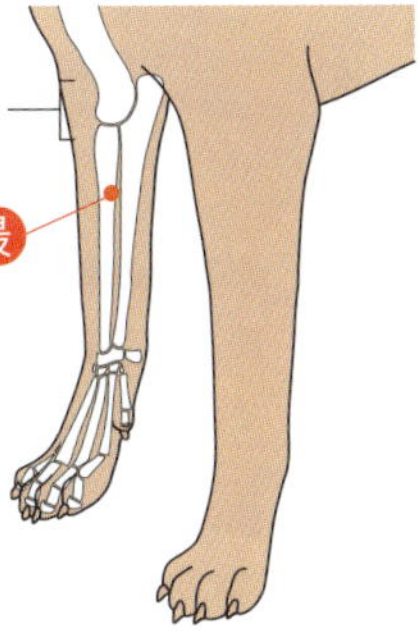

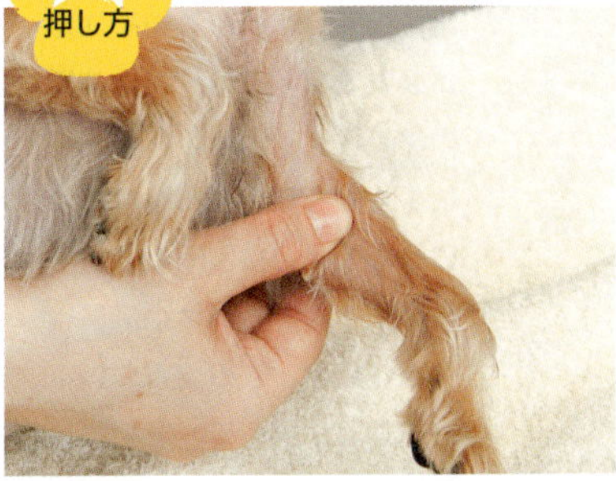

からだの異常
22

呼吸器の異常

鼻炎になってしまったときに押すツボ

使うツボ……①山根（さんこん）、②印堂（いんどう）、③上星（じょうせい）

　鼻炎は、ウイルスや細菌が鼻腔や副鼻腔に侵入し、粘膜に起こる炎症です。発症すると、鼻水やくしゃみ、目やにが出るなどの症状が現れます。初期の鼻水はサラサラしていますが、慢性化すると、黄色や緑色の膿のような鼻水がみられるようになります。また、鼻涙管に炎症や感染が波及すると、粘膜の腫れと鼻水によって鼻がつまり、呼吸しにくくなることがあります。

ツボ①
山根(さんこん)

場所　鼻すじの真ん中で、鼻の有毛部と無毛部の境界線にあります。1穴。

効果　東洋医学では鼻は肺と親和関係にあります。肺は鼻の穴を通じて外界とつながっています。鼻の異常はやがて肺の異常を招く恐れがあるので注意が必要です。このツボは体表の熱を冷ます作用、鼻の通りをよくする作用があり、鼻水の改善効果と食欲増進効果もあります。あるいは意識昏迷などの場合、このツボに鍼をすることによって、意識が戻る作用も期待できます。

ツボの位置

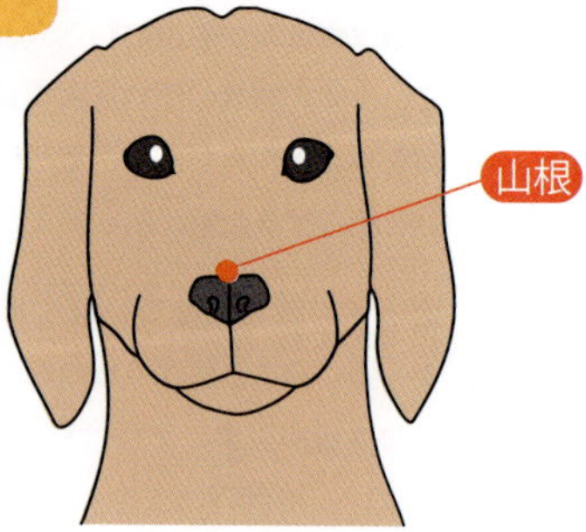

押し方　上星（P126参照）～印堂～山根にかけて人差し指で擦っていきます（ストローク法）。行きはやや強めに、帰りはやや優しく擦ります。小型犬の場合は綿棒の先端を用いて刺激するのもよいでしょう（コットン・スワブ法）。20～30回行います。

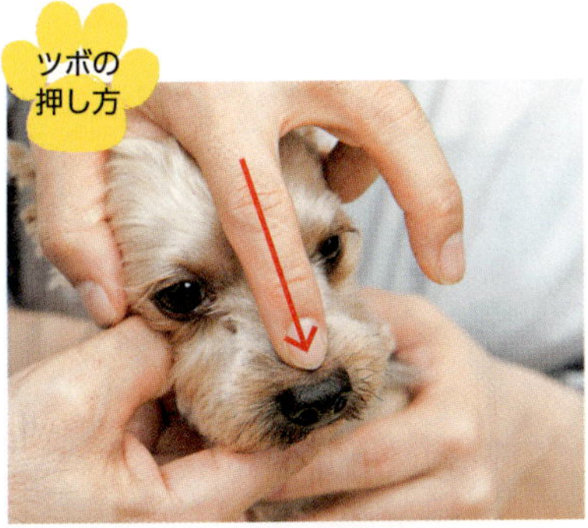

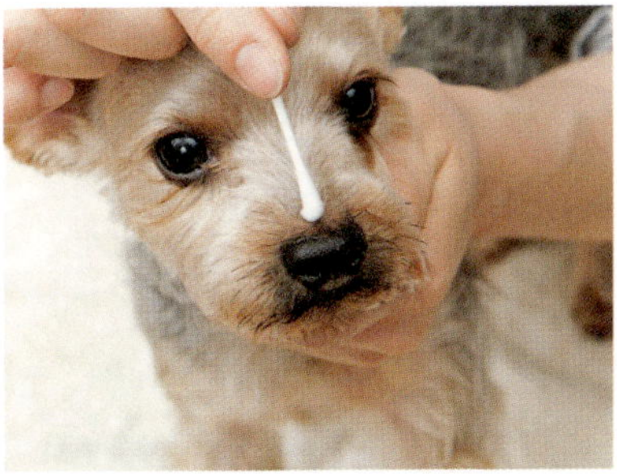

ツボ②
印堂（いんどう）

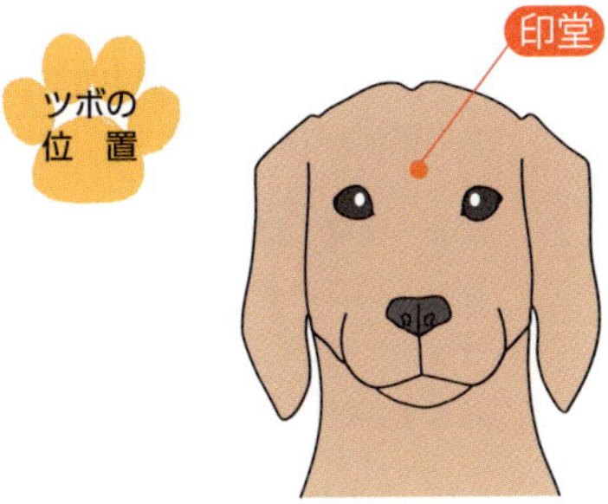

場 所　両まゆげの中間にあります。1穴。

効 果　風邪が原因で起こるいろいろな痛みを止める作用、風邪による熱を冷まして鼻水・鼻づまりのイライラを鎮める作用があります。風邪による鼻炎のほか、アレルギー性鼻炎による鼻水・鼻づまり・熱中症や発熱にも効果があります。

押し方　上星～印堂～山根にかけて人差し指で擦っていきます（ストローク法）。行きはやや強めに、帰りはやや優しく擦ります。

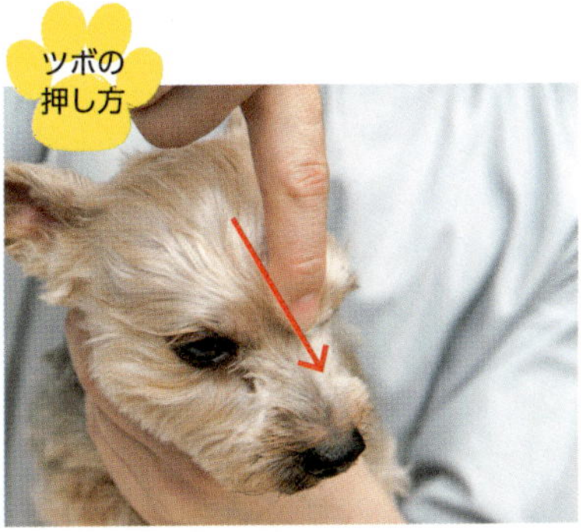

ツボ③

上星（じょうせい）

場所　このツボは人間では、顔の正中線上で顔の髪の毛の生え際からワンちゃんの指１横指分（１寸）上に位置しますが、ワンちゃんの場合、髪の毛の生え際がわかりませんので、飼い主の人が生え際をイメージしてツボを探してください。

効果　このツボは「鼻が塞がって通じないものを治す」といわれ、通りの悪い穴を通す作用があり、鼻づまりの特効穴です。また鼻炎症状改善効果のほかに、いびきを抑える効果もあります。特に短頭種（パグやシーズーなど）のいびきのうるさいワンちゃんには、ぜひお試しください。また、熱中症や発熱にも効果があります。

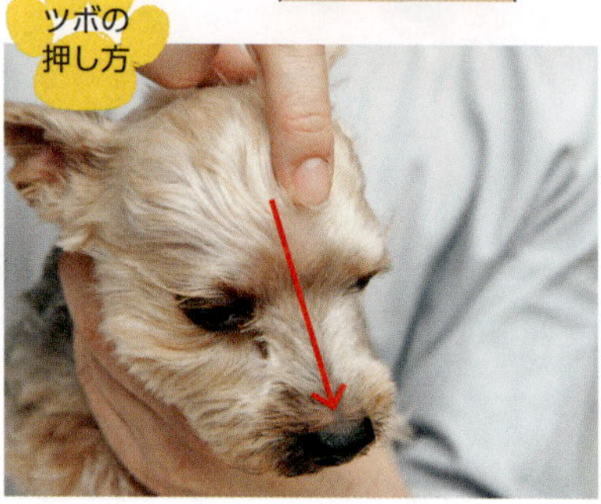

押し方　上星～印堂～山根にかけて人差し指で擦っていきます（ストローク法）。行きはやや強めに、帰りはやや優しく擦ります。20～30回行います。

からだの異常 23

呼吸器の異常

風邪をひいた ときに押すツボ

使うツボ……① 風池（ふうち）、② 大椎（だいつい）、③ 廉泉（れんせん）、④ 尾尖（びせん）

風邪は、鼻や咽喉など呼吸器系を中心に起こる急性の炎症の総称です。“風邪は百病の長”といわれ、病気の原因となるものを先導して体内に入り込みます。症状の軽いうちに対処し、普段から風邪をひかないようにつとめることが大切です。風邪のひきはじめには、首筋を温め体を冷やさないことがとても大切です。

ツボ① 風池（ふうち）

場所 耳の後方で、首の両脇のくぼみにあります。左右に各1穴。

効果 風池の“池”は“浅い陥凹”を意味し、“風”は“風邪”を指します。“風の邪気が溜るところ”という意味があります。「12. 肩こりのときに押すツボ」の項の“曲池”と同じように、風邪の初期に現れる首や肩の緊張による筋肉のこりをほぐします。風邪のひきはじめに現れる体表の熱をとる作用、風の邪気を去らせる作用があります。また、自律神経のバランスを調整する作用もあります。

ツボの位置

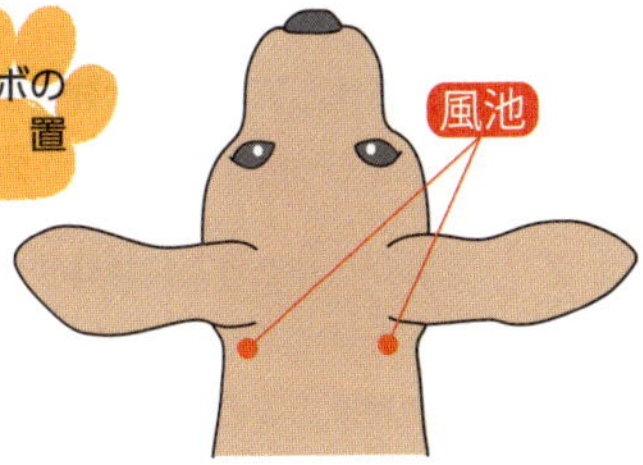

ツボの押し方

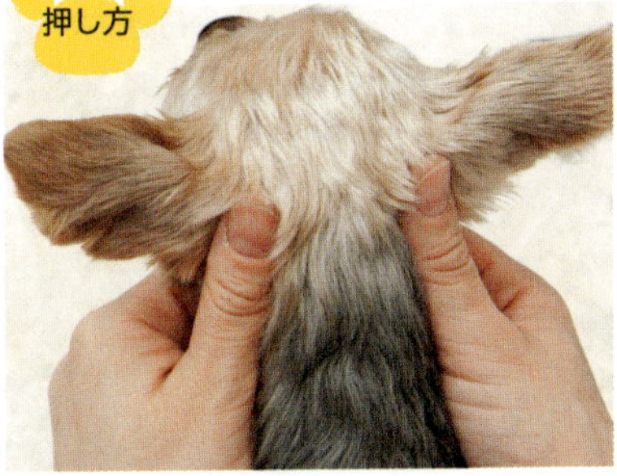

押し方　小型犬は親指と人差し指で、大型犬は飼い主の親指もしくは親指と中指で、20～30秒5～10回押圧しましょう。この場所を温タオルで温めたり、温灸（棒灸、P69参照）をするのもたいへん効果的です。

ツボの押し方

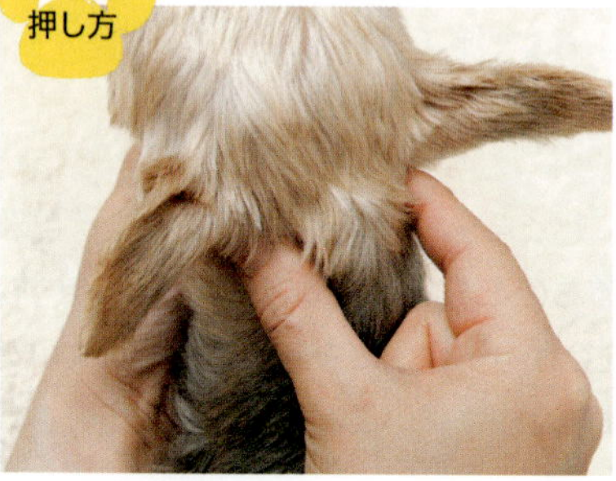

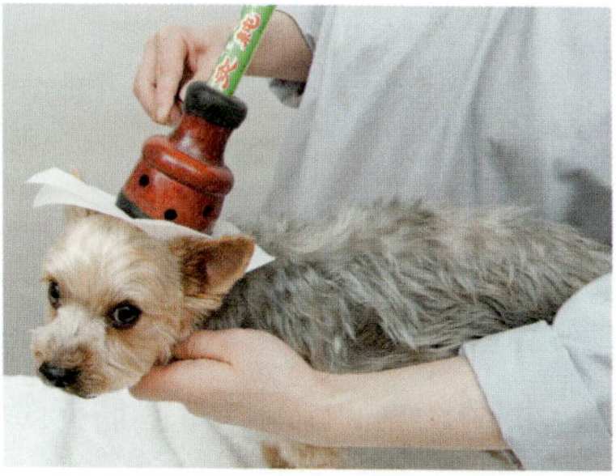

ツボ②

大椎(だいつい)

場所　第7頸椎と第1胸椎の間にあり、首を動かしても動かない骨。1穴。

効果　風邪から体を守るには体表に流れる陽気が充実していなければなりません。陽気が集まるのがこのツボです。風邪かなと思ったら、ここを押圧しましょう。大椎への温灸（棒灸、P69参照）も効果的です。風邪初期特有の体表の熱を解く作用もあります。

ツボの位置

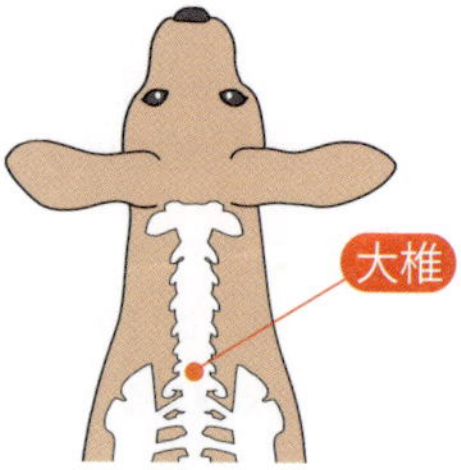

ツボの押し方

押し方　施術者の人差し指で10～20秒、5～6回押圧しましょう。小型犬には綿棒を用いると容易に押圧することができます（コットン・スワブ法）。温灸、温タオルで温めるとよいでしょう。風邪の症状で咳がでる場合は、咳の症状を楽にするツボを押しましょう。

ツボの押し方

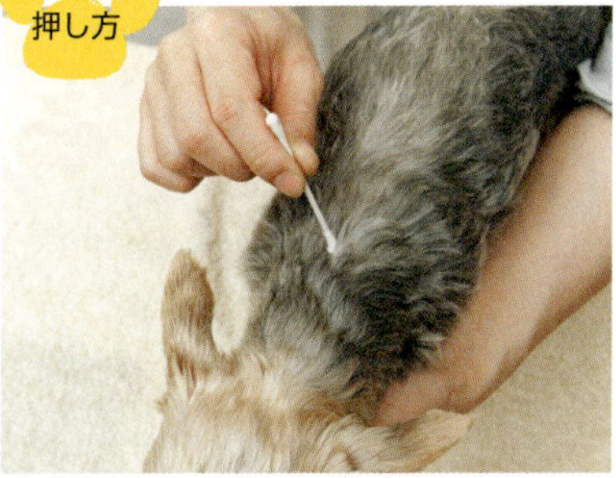

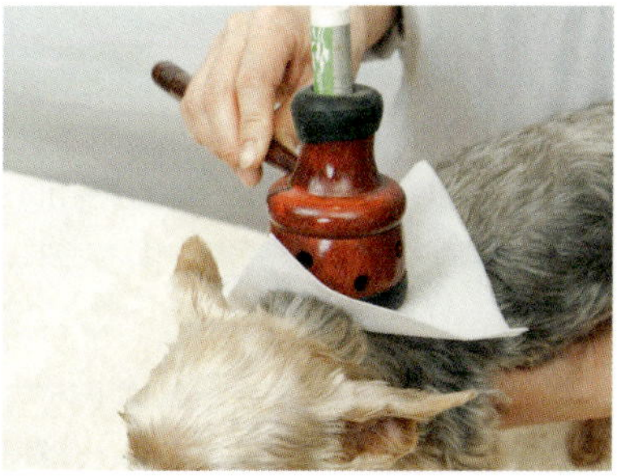

ツボ③

廉泉（れんせん）

場所　下あごの正中線（体の中央の線）上で、咽喉の骨の前のくぼみにあります。1穴。

効果　咳がひどく、風邪から気管支炎を併発した場合に用います。咽喉を滑らかにする作用があり、咽喉の痛みをとります。さらに咽喉の熱を冷まし声を出しやすくする作用もあります。

押し方　咽喉なので強く押すと咳を誘発してしまうため、ツボの位置の皮膚をつまんでピックアップしましょう。5～10回行います（ピックアップ法）。

ツボの位置

ツボの押し方

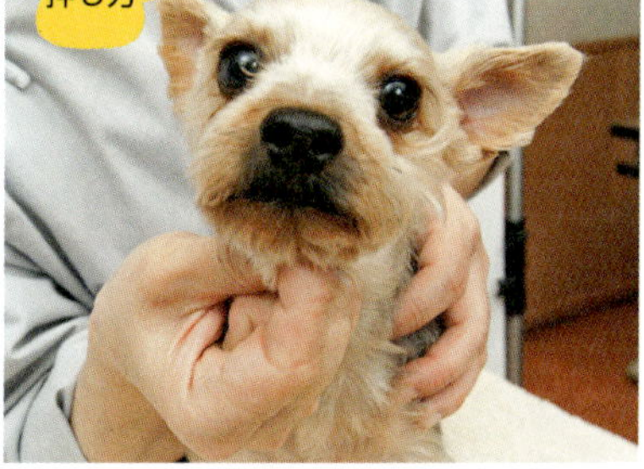

ツボ④

尾尖（びせん）

場所　動物特有のツボで、しっぽの先端にあります。

効果　吐き気や下痢、発熱時に押すと短時間で熱を下げ、お腹にくる風邪の症状を改善します。ただし、症状が長引いたり、発熱が続く場合は、動物病院に相談してください。

押し方　しっぽの先端をつまんで少し後方にひっぱりぎみに刺激します。1～2秒間の刺激を10～20回行うとよいでしょう。プードルやコーギーのように、断尾するワンちゃんの場合は、その子の尾の尖先が尾尖となります。また、尾を触ると嫌がるワンちゃんが多いので、徐々に慣らしていきましょう。

ツボの位置

ツボの押し方

からだの異常
24

その他の異常

熱中症になってしまったときに押すツボ

使うツボ…… ① 人中（じんちゅう）

夏の暑い時期に、散歩の途中で突然、倒れたり、ゼエゼエしたり、また、エアコンの効いていない室内で大量のよだれを垂らしたら、熱中症の疑いがあります。すぐに体を冷やして、動物病院に連絡してください。ツボ押しは応急処置ですので、様子をみないで病院を受診しましょう。

ツボ①

人中(じんちゅう)

場 所 ワンちゃんの鼻の穴の真ん中にある溝の上にあります。1穴。

効 果 暑気あたりなどで、陽気が下へさがって意識不明などを発症した場合、さがった陽気を体の上部へ引き上げる作用があり、覚醒の効果をもつ気付けの特効穴です。救急救命のツボとして用います。ショック、発熱などの緊急時にも用います。別名、“水溝”ともいいます。

押し方 綿棒や指先で約5秒間強く押します。昏睡時には、鍵の尖端などで押すのもよいでしょう。くれぐれも健康なときには押さないようにしてください。

ツボの位置

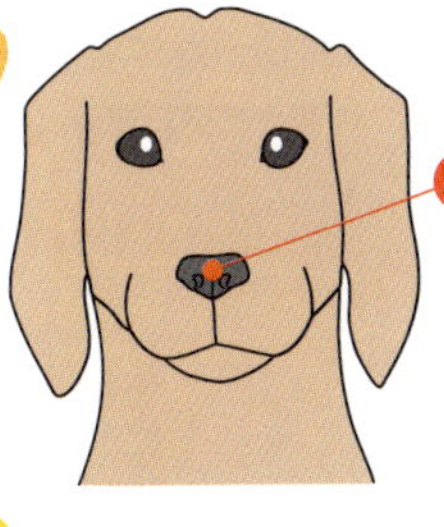

ツボの押し方

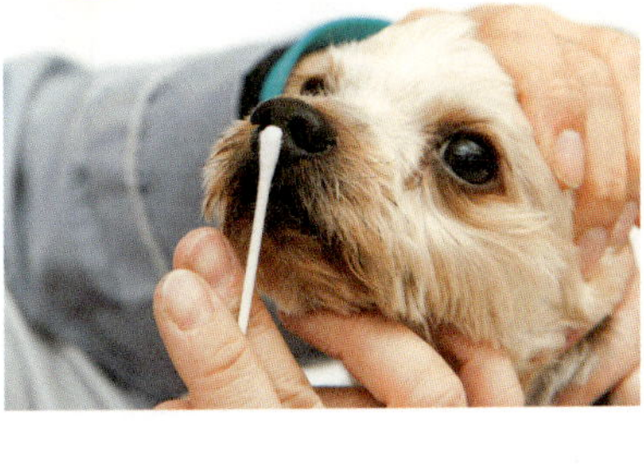

からだの異常 25

その他の異常

抵抗力を高めたいときに押すツボ

使うツボ…… ① 命門（めいもん）、② 後海（こうかい）

がん細胞は、動物の体でも１日数百個も発生していますが、それががん化しないのは、免疫が関与しているためです。つまり免疫力を高めれば、がん化する前におさえこむことができます。また、普段から病気がちなワンちゃんは病中、病後にも抵抗力を高めるツボを刺激して、大事に至らぬよう心がけましょう。

ツボ①　命門（めいもん）

場所　１番しっぽ側の肋骨の背骨の位置をゼロとし、そこから指をしっぽ方向にずらし、3個目の背骨の突起部分。この左右に腎兪のツボがあります。ちょうどおへその裏側あたりです。1穴。

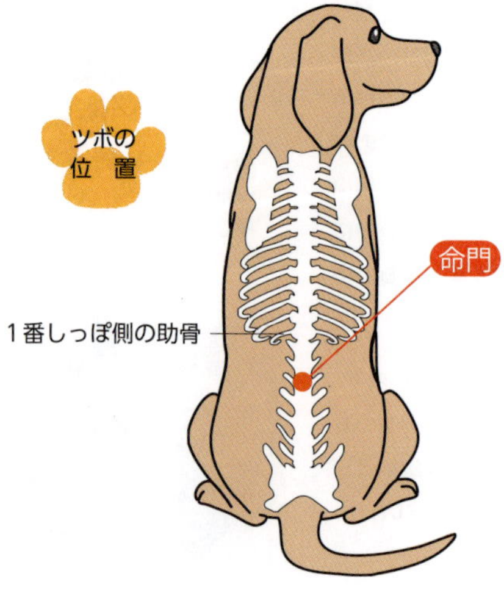

効 果　“命の門”という意味があります。左右の腎兪のツボの間にある生命の重要な門戸なのです。腎気を補って元気を育て、生命エネルギー、気力と精力を高めて全身の状態のバランスを整え、抵抗力を高めます。腎兪のツボと併用することで、さらに効果が期待できます。また腰痛にも有効です。

押し方　小型犬、中型犬は施術者の親指または人差し指で、大型犬は親指で、ツボを1回5～10秒で10～20回押圧します。腎兪とともに温タオルなどで温めても効果的です。

ツボの押し方

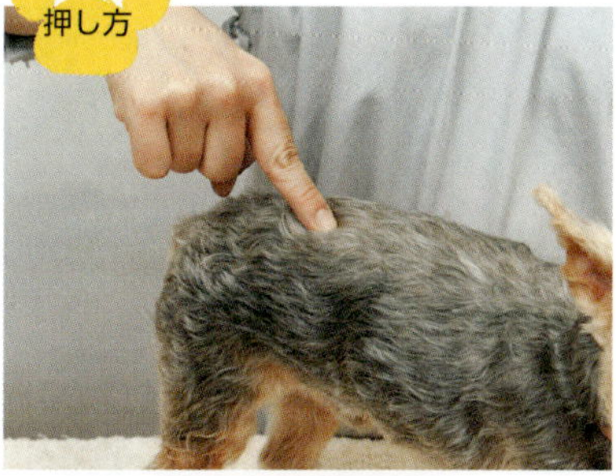

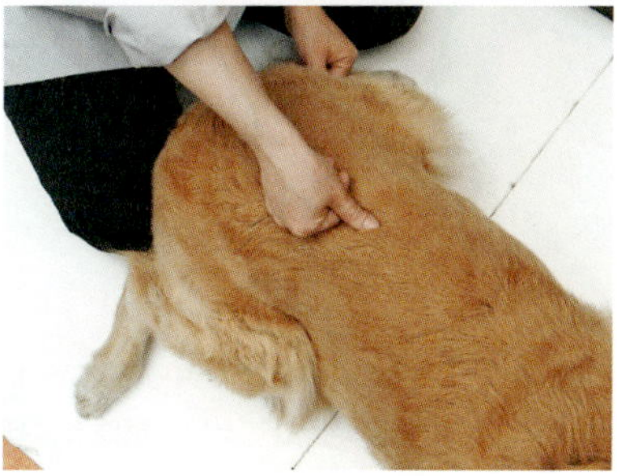

ツボ②

後海(こうかい)

場所　しっぽを持ち上げた際に見える肛門と尾っぽの間のくぼみにあります。1穴。

ツボの位置

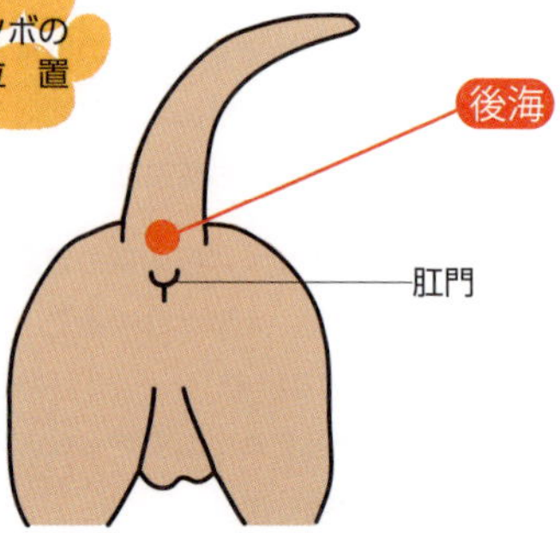

効果　人間では“長強”、中獣医学では“後海”といいます。“長強”というのは、“生命力を強く長く持つ”という意味で、抵抗力を高める特効穴であるといわれ、中国では動物にワクチンを接種する際に、この後海に接種する獣医師もいるそうです。足腰の運動器のトラブル、消化器系のトラブル全般にも効果を及ぼす頼もしいツボです。

押し方　尻尾を上に持ち上げて、ツボの位置を確認します。そして綿棒をツボにあてたら、尻尾を下ろして、綿棒を前上方に向けて押します。デリケートな場所にあるツボなので、優しく押してあげてください。また、尻尾を触られるのを嫌がるワンちゃんも多いので、注意して触りましょう。1回に1～2秒を10～20回行います。

ツボの押し方

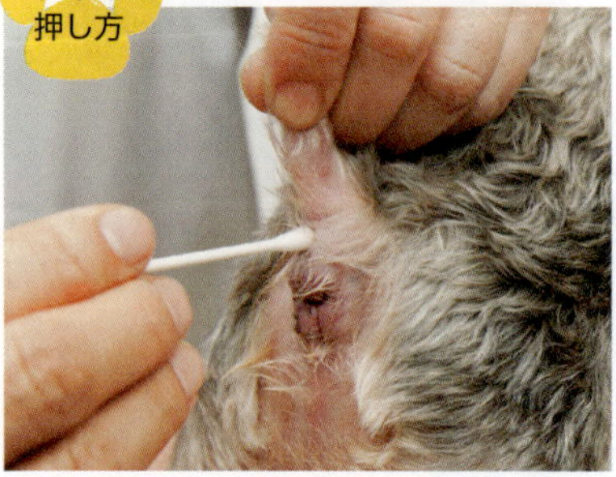

からだの異常

26

その他の異常

ダイエットのためのツボ

使うツボ……① 中脘（ちゅうかん）、② 湧泉（ゆうせん）、③ 三陰交（さんいんこう）

最近の調査では、4割以上のワンちゃんが肥満傾向にあるといわれています。肥満自身は病気ではありませんが、がん、糖尿病、肝臓病、アトピーなどのさまざまな病気の原因になります。肥満のタイプに合わせたツボを使ってください。

1）ストレスによる肥満

室内飼いでお散歩に自由に行けない、留守番時間が長い、毎日同じドッグフードばかり……。ついつい食べることでストレス発散。そんなときには、このツボを使ってください。

ツボ①

①中脘（ちゅうかん）

場 所　みぞおちとおへそを結んだ線上の真ん中にあります。1穴。

効 果　腹部の水分代謝を調節する作用をもっています。ストレスで気の停滞が起こると新陳代謝が鈍くなり、余分な脂肪や水分が体外に排出されずに太ってしまいます。中脘はこれを防ぎます。

押し方　施術者の人差し指（または人差し指に中指を添えて）で、ツボをひらがなの“の”を描くように20～30回マッサージします（ニーディング法）。ツボの下には胃があるので、あまり強く押しすぎないように注意しましょう。

ツボの位置

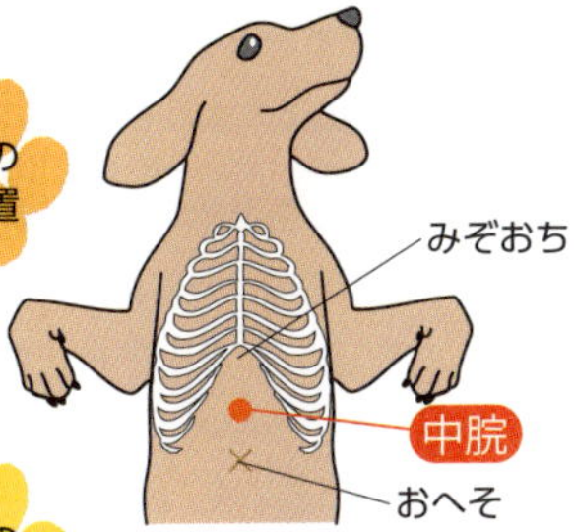

ツボの押し方

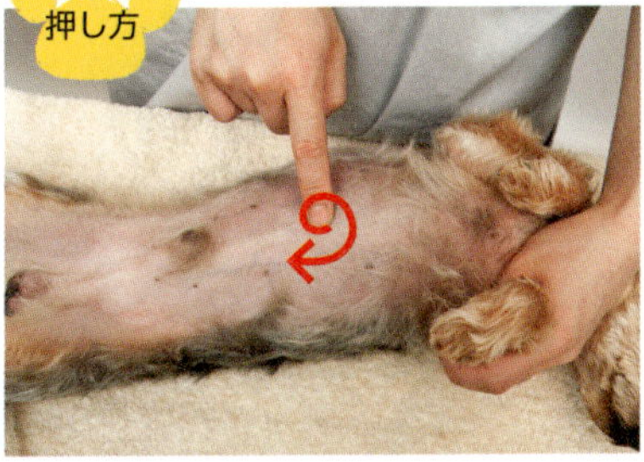

2）水肥り

水太りは季節に関係なく、1年中発生します。夏の暑さで水をがぶ飲みしたり、冬は寒さでトイレに行くのが億劫になったり、高齢のワンちゃんの場合は腎機能が低下して、体がむくみやすくなります。

ツボ②

湧泉（ゆうせん）

場所　後肢の1番大きな肉球の手首側の付け根にあります。左右後肢に各1穴。

効果　腎は生命力である精を貯えておく臓器です。しかし加齢により精気は枯渇減少します。その結果、腎機能が衰えてさまざまな症状を呈します。それを賦活させるのが「命の泉が湧く」といわれるこのツボです。このツボは腎と膀胱の機能を強化して、利尿作用を促進するとともに、水分代謝を調整して水太りを抑制します。

押し方　ツボに施術者の親指をあてて、肢先に向かって押していきます。1、2、3と少しずつ加圧して、そのまま3秒間力を保持し、その後3秒間かけて徐々に力を抜いていきます（スタンダード法）。左右の後肢に20～30回ずつ行います。

ツボの位置

ツボの押し方

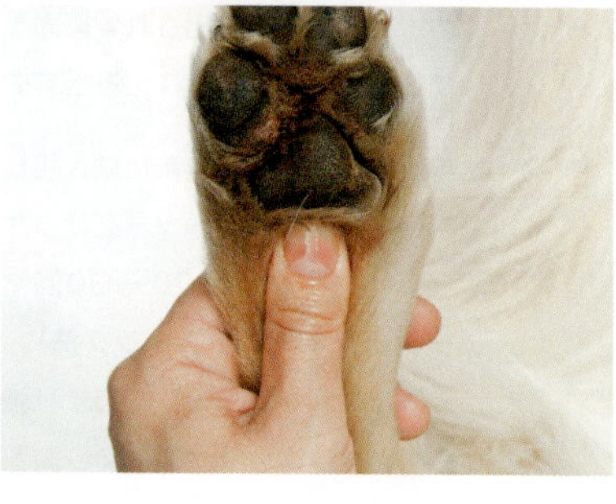

3）ホルモン太り

不妊・去勢手術を行うと、ホルモンバランスが乱れ、代謝が悪くなり太りやすくなります。ワンちゃんに1番多い肥満のタイプです。このタイプの肥満は、ダイエットの効果がなかなか出にくいので、辛抱強く押してあげてください。

ツボ③

三陰交(さんいんこう)

場所 後肢の内くるぶしから、ワンちゃんの指で4横指分（3寸）上の位置で、すねの骨の後側部分にあります。左右後肢に各1穴。

効果 このツボの位置で脾経、肝経、腎経という3つの陰の経絡が交わるので三陰交といいます。このツボの主治のひとつに、「体が重く、力が入らない状態を治す」とあり、太り過ぎで体が重く動きが鈍い場合に用います。人間では特に安産、婦人病のツボとして有名ですが、ホルモン起因の肥満にも効果を発揮します。また、メスだけでなく、オスのダイエットにも有効です。

押し方 三陰交に施術者の親指をあてて、すねの骨の外側に回しこむように押します。綿棒を使って押してもいいでしょう（コットン・スワブ法）。1回1～2秒で20～30回行います。

ツボの位置

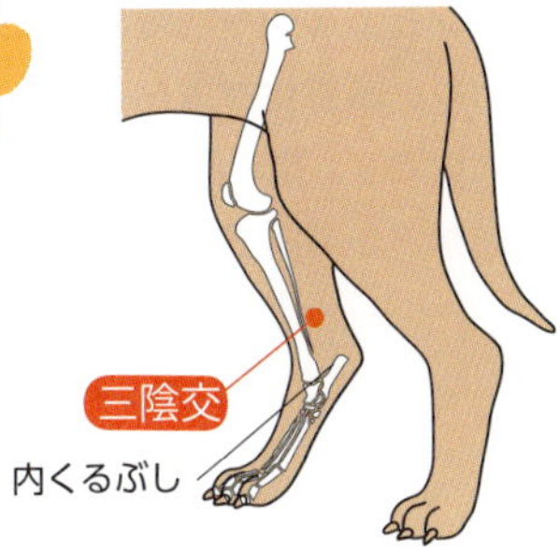

ツボの押し方

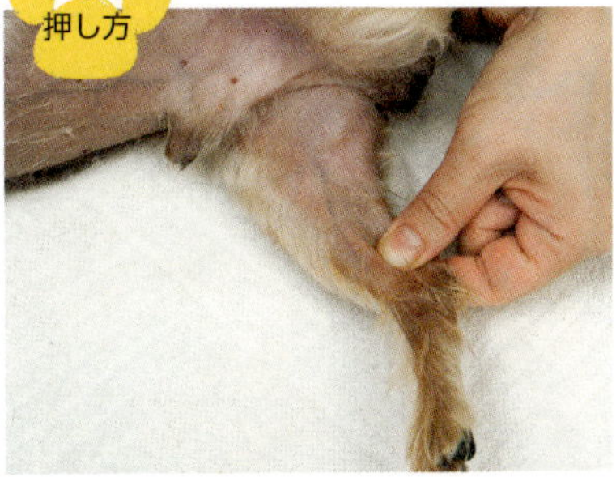

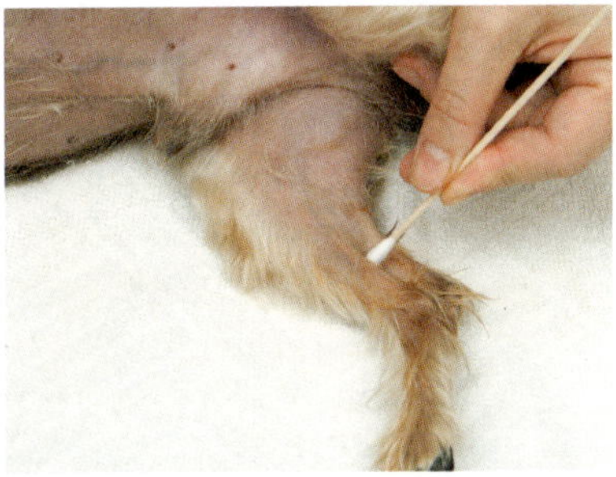

からだの異常

27

その他の異常

アンチエイジングのためのツボ

使うツボ…… ① 腎兪（じんゆ）、② 腰の百会（こしのひゃくえ）

ワンちゃんの平均寿命は年々延び、現在では15歳と20年前の倍以上になっており、高齢化が進んでいます。健康で長生きできるように日ごろからのケアが大切です。東洋医学では老化と密接に関係のある臓器は腎といわれています。腎をケアして病気に対する抵抗力を高め、老化を予防しましょう。

ツボ①

腎兪(じんゆ)

場 所 1番しっぽ側の肋骨の背骨の位置をゼロとし、そこから指をしっぽ側にずらし、3個目の背骨の突起の両脇のくぼみにあります。背骨を挟んで左右に各1穴。

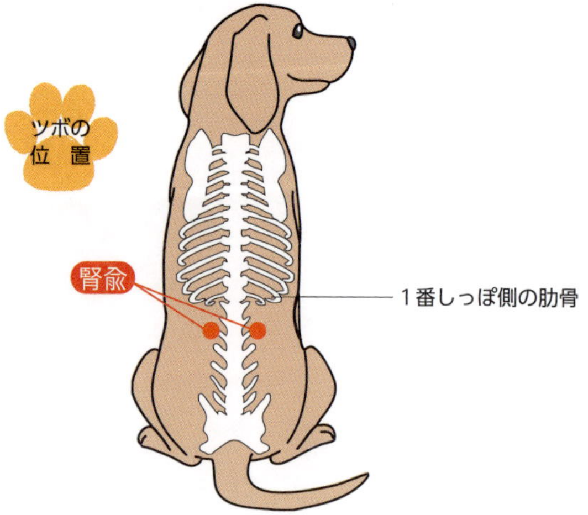

効果 背骨に沿ったツボには、腎兪のほかに肺兪、心兪、肝兪、脾兪、大腸兪、小腸兪、膀胱兪、胃兪、三焦兪、胆兪など五臓六腑へ気を輸送するツボがずらりと並んでいます。腎兪は“腎気を注ぐ場所”ということになっています。腎は、体のスタミナ源である“精”を貯えていますが、加齢により腎気も少なくなります。このツボには腎気（精）を補充する作用があり、腎兪を刺激することで、“精”（スタミナ）をアップさせることが知られています。また、腎兪は腰痛などの筋・骨の病気にも効果が期待できます。

押し方 小型犬や中型犬では、施術者の親指と人差し指をツボにあてて1回10～20秒で5～6回、押圧します（ニーディング法）。大型犬では、施術者の左右の親指を腎兪にあてて、少しずつ加圧していきます。1回10～20秒で10～20回行います。

ツボの押し方

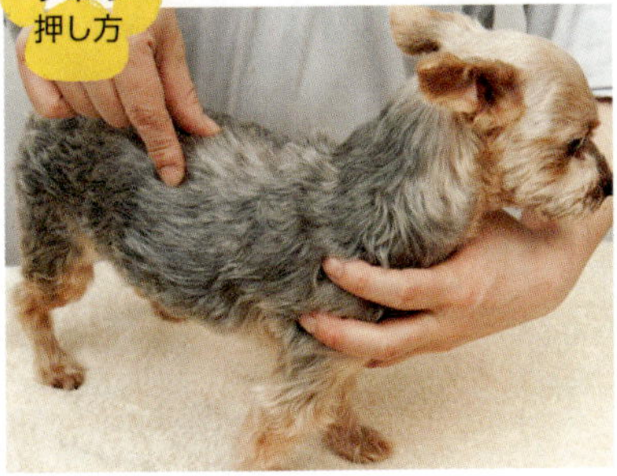

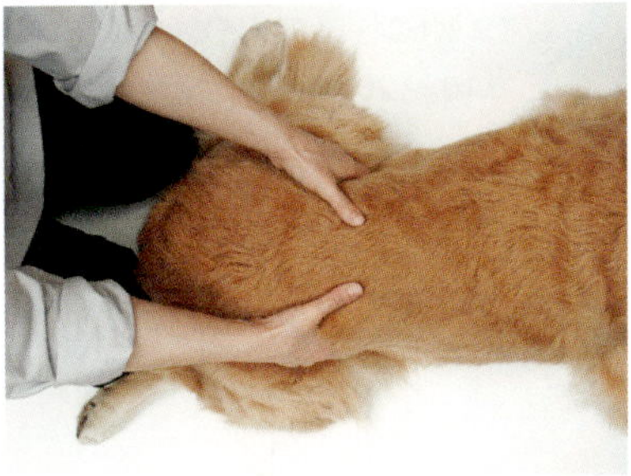

ツボ②
腰の百会(こしのひゃくえ)

場所 骨盤の横幅が1番広い部分と背骨が交わる部分のくぼみにあります。1穴。人間の百会は頭頂部にあるので、百会といえば頭の百会を指しますが、動物の場合は頭頂部の他に腰部にもあります。頭頂部の百会は“頭の百会”、腰にあるのは“腰の百会”といいます。

ツボの位置

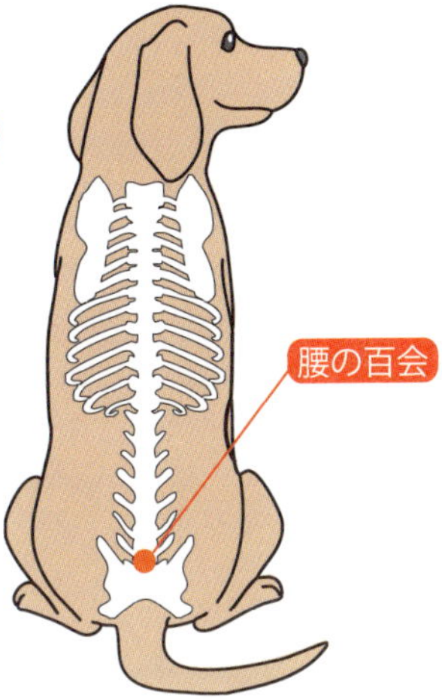

効果　「百」（多種・多様）な経絡が「会」（出会う・交わる）という意味の名をもち、その名の通り、さまざまな健康効果をもつ万能ツボです。特に、衰えた陽気を再びよみがえらせ、老化を脱する作用をもっています。免疫力を向上させる作用があり、長生きできる健康な体と精神をつくってくれます。

押し方　施術者の親指または人差し指の腹の部分でゆっくりと押します。背骨と背骨の間にある狭いツボですので、小型犬は綿棒を使って押すのもいいでしょう（コットン・スワブ法）。1回1～2秒で10～20回行います。

ツボの押し方

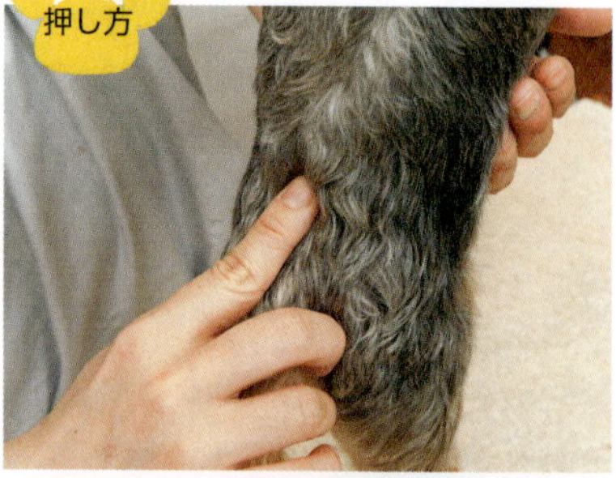

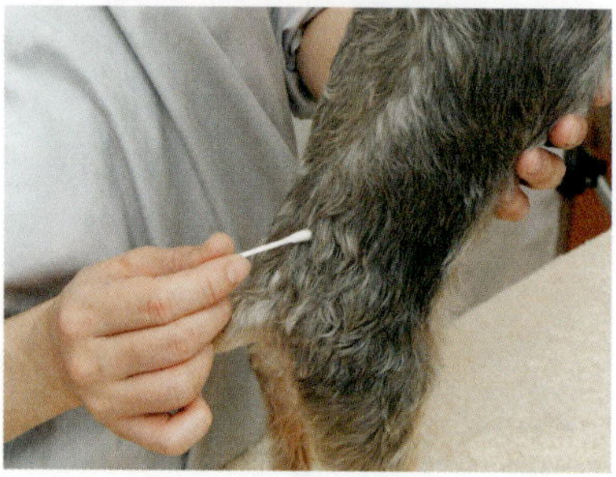

［著　者］

石野 孝（いしの たかし）

1962年　神奈川県出身
1987年　麻布大学大学院獣医学研究科修了
1992年　中国・内モンゴル農牧学院（現・内モンゴル農業大学）動物医学系修了
1993年～現在　かまくらげんき動物病院院長
2000年　中国伝統獣医学国際培訓研究センター名誉顧問
2002年　（社）日本ペットマッサージ協会理事長、ほか
2013年　中国・内モンゴル農業大学動物医学院特聘専家
2014年　中国聊城大学教授
2015年　南京農業大学教授
2016年　国際中獣医学院日本校理事長

著書　　書籍―増補改訂版　犬猫の経穴（ツボ）アトラス（漢香舎）、犬のエイジングケア（誠文堂新光社）、はじめての猫　飼い方・育て方（学研）、ペットのための鍼灸マッサージマニュアル（医道の日本社）、犬の肉球診断Book（医道の日本社）、とろけるにゃんこ　心と体が整う猫ツボ&リンパマッサージ（永岡書店）その他

相澤 まな（あいざわ まな）

1974年　神奈川県出身
1999年　麻布大学獣医学部獣医学科卒業
2005年　日本伝統獣医学会主催第３回小動物臨床鍼灸学コース修了
2006年　Chi-Institute（FL,USA）獣医鍼灸コース修了（認定獣医鍼灸師）
2008年～現在　かまくらげんき動物病院副院長
2012年　中国伝統獣医学国際培訓研究センター客員研究員、南京農業大学人文学院准教授、（社）日本ペットマッサージ協会理事
2015年　南京農業大学教授
2016年　国際中獣医学院日本校認定講師

著書　　書籍―増補改訂版　犬猫の経穴（ツボ）アトラス（漢香舎）、改訂増補版　国際中獣医学院日本主編．小動物臨床経路・経穴自習帳（漢香舎）、うちの猫の長生き大辞典（学研）、ペットのための鍼灸マッサージマニュアル（医道の日本社）、癒し、癒される猫マッサージ（実業の日本社）、猫の肉球診断Book（医道の日本社）

ワンちゃんの病気予防と健康管理に　**犬のツボ押しBOOK**

2013年4月10日　初版第1刷
2025年2月25日　初版第4刷

著　者　石野 孝　相澤 まな

発行者　戸部慎一郎

発行所　株式会社　医道の日本社
〒237-0068　神奈川県横須賀市追浜本町1-105
電話　046-865-2161　FAX　046-865-2707

印　　刷：大日本印刷株式会社
ブックデザイン：岸和泉（株式会社ディグ）
写　　真：田尻光久
イラスト：対馬美香子

ISBN978-4-7529-9018-5　C2077